费尔岛编织指南

[英] 莫妮卡·罗素 / 著

舒舒 / 译

中国纺织出版社有限公司

献词

送给我的丈夫特雷弗、我的两个儿子雅各和马休，还有我的朋友克莱尔文——谢谢你们在我写这本书的过程中一直以来的支持、帮助、指导、耐心和鼓励。

致谢

我在去苏格兰斯凯岛附近的格莱内尔格看望我儿子的时候，深深被这个地方的景色吸引，它纯粹的美和斑斓的色彩令我着迷，这对本书中所有作品的设计创作起了至关重要的作用。传统的苏格兰毛线非常适合编织书中这些作品。它可以把那些自然而质朴的花纹完美地诠释出来。非常感谢 Jamieson's of Shetland 为我提供了毛线，感谢伊莱恩和她家人的支持。

同样非常感谢以下朋友：提供 Rooster 线材的彼得、Wensleydale Longwool 毛线店的凯西、ErikaKnight 线材的艾瑞卡、Fyberspates 线材的珍妮和员工、Lang 线材的凯蒂和 KnitPro 品牌的汤姆，他们为我捐赠了毛线和工具，谢谢你们！

我还要感谢教程校对员杰米玛・比克内尔，感谢她为本书的教程所做的所有工作。

感谢编辑艾米丽・亚当，可以容忍我落后的电脑技能，不断地给予我指导和提示，在我写这本书的两年半时间里，她一直鼓舞和帮助着我。

最后，非常感谢凯蒂・法兰西，从策划本书直至出版，她给了我坚持下来的勇气，一直支持我鼓励我。还有出版社的其他成员，他们对这本书的出版和营销提供了巨大的帮助。

莫妮卡・罗素

目录 CONTENTS

概述

每位编织爱好者都能在《费尔岛编织指南》这本书中找到有用的内容。书中的教程都包含了格子图解和文字说明以供选择，大部分的样片提供了不同的配色方案，书中还提供了有用的提示和小窍门，以助你完成自己的作品。

费尔岛提花得名于苏格兰东北部的一个岛屿，是一种传统工艺，在每一行的编织中使用两种（偶尔三种）颜色的毛线。使用这种编织技巧，可以挖掘出无穷无尽的图案和色彩组合，可以是柔和的偏传统的风格，也可以是现代的甚至（偶尔）浓墨重彩的风格！我的颜色灵感来自苏格兰高地，我哥哥家的挂毯，我们在英国苏塞克斯的后花园，艺术家如霍克尼、马蒂斯和苏格兰五彩画家等。

这本书有两个主要目标，第一个目标——为编织爱好者提供大量的图案设计选择，包括各种小图案、边饰图案、使用多种颜色组合的传统费尔岛图案设计，这些作品都是用传统的苏格兰毛线编织的。第二个目标——证明费尔岛提花可以为你提供灵感，激发你的新创意，装饰你喜欢的编织作品，如衣服、配饰和家居用品。费尔岛编织可以把一件简单的物品变得光彩夺目。在样片图库（第50–69页、第104–127页和第154–159页）以及对应的作品中（第70–101页、第128–151页和第160–175页），你会发现费尔岛提花可以运用在任何编织的作品中——无论是适合新手的简单作品，还是为老手准备的更具挑战性的作品。

费尔岛提花可以用各种粗细的线来编织，可以是细线（4-ply/fingering）、粗线（DK/light worsted）、中粗线（Aran/worsted）到极粗线（chunky/bulky）。你可以使用任何线来满足你的色彩幻想！这本书中的作品，我使用了以上这些不同粗细的线，使你看到费尔岛提花的包容性。哪怕你所选择的线跟教程中规定的线不同，也请随意，但是，一定要确保要把你的编织密度调整到合适的松紧（关于编织密度的指导，见第26页）。

我喜欢设计费尔岛提花，因为每一种颜色和图案的组合都能产生令人惊喜的新元素，每一次都能创造出一件独一无二的手编作品。

费尔岛编织：棒针上的历史

费尔岛针织品得名自费尔岛，它是英国最偏远的有人居住的岛屿之一，位于苏格兰北部，是设得兰群岛的一部分，处于设得兰主岛和奥克尼群岛中间。该岛很小，只有4.8公里长，2.4公里宽，人口只有68人*。费尔岛因两件事而闻名：一是1588年无敌舰队旗舰“格里芬大鹰号”的沉船，二当然是色彩鲜艳的提花毛衣。

公元1500年左右，编织开始在设得兰群岛兴起。其中一个起因是，为了应对岛上的恶劣环境而专门培育的设得兰羊产出了大量的羊毛。这门手艺崛起的另一个原因，可能是出于贸易目的：一件有图案的针织织物可以从过往的船只那换取新鲜的食物和水。

最初的费尔岛设计仅在小农场中被复制和分享，这些农场是用篱笆围起来的，有耕地，为佃农拥有。线是手纺的，并保持其自然的、未漂白的状态（被称为“未染色”）。费尔岛上其他品种的羊提供了少数不同的原生颜色的羊毛，如谢拉羊（shaela）的深灰色和肖尔密特羊（sholmit）的浅灰色。另外，一些羊毛是用岛上的植物或根茎来染色的，比如茜草（红色）或鸢尾（黄色）。靛蓝（能产生紫罗兰色调的蓝色）是另一种常用的染料，经常被路过的商人拿来交换。

费尔岛的妇女用“金属丝”（双头棒针的当地称呼）编织，还有一种辅助编织的腰带，也叫“马金”（Makin）。这种工具让编织者可以在移动中工作。腰带被固定在腰上，将棒针的一端插入腰带支撑处，此时右棒针就像被“鞘”支撑住，因此解放了编织者的右手，可以更灵巧地进行带线。

费尔岛妇女的手工编织在16世纪后期发展成为一项主要的家庭工业。生产的成品是粗线袜子、针织内衣和手套。17世纪中期，从针织服装中发展出更复杂的图案。“十字、菱形、六边形，这些包含宗教象征的符号，构成了基本的OXO图案，至今仍被广泛使用。”** 像蕨类植物、船锚、公羊角、花卉、

*《苏格兰国家人口统计》，2011年人口普查，www.nrscotland.gov.uk, 2013 < https://tinyurl.com/y3mu6gsw>

** 伊丽莎白·法迪福，《费尔岛编织的历史》

www.exclusivelyfairisle.co.uk, 2012 <https://tinyurl.com/y9werez9>

心形等图案的形成，离不开岛上的本地环境和生活的启发。

渡线绞合的配色编织（费尔岛提花也是其中一种）是指同时使用2种或更多颜色的线编织，这种技术大约在1910年得到发展，并在世界范围内形成一种越来越流行的技术和设计。

在传统的费尔岛图案设计中，每行使用2种颜色，一件完整的衣服平均使用4种颜色。最初，图案的色块很少重复，随着费尔岛提花图案的演变，图案变得更加对称，这种对称创造了一条无形的“线”，穿过形状或图案的中间，将其“切割”成两半，允许了重复的装饰设计。这形成了连续的重复图案，且图案为奇数行。

费尔岛的提花图案通常根据大小进行分类，这个分类系统一直沿用到今天。小型图案（Peerie/little）通常有5到7行高，作为一个更复杂的整体图案的一部分。边饰图案（Border）以条带形式出现，织一次或多次，作为简单或复杂的重复图案的一部分。大多数传统的费尔岛图案要织15到17行。有一个很好的案例可以说明这种图案是如何占据这么多行的，那就是著名的OXO图案（见第50页）。图案中的十字是用来连接图案的，而不仅仅是一种单独的装饰元素。

今天，“费尔岛”已经成为一个通用词汇，可以用来形容各种各样的彩色针织服装。虽然传统的设得兰毛线仍在被使用，但许多作品都是用现代毛线编织的，在这本书可以看到很多这样的例子。

毛线

可用于编织的毛线品种非常多，有经济型的腈纶线、明亮的彩色棉线，也有奢华的手染美利奴羊毛线和柔软的羊驼毛线。

传统上，使用蕾丝型（2-ply/laceweight）的设得兰毛线来做费尔岛提花设计，这是因为当你的作品完成后，由于毛线的渡线绞合，它的厚度几乎会翻倍。设得兰毛线要比其他线黏性更大，而在渡线绞合编织中，这些纤维更容易黏附在一起——这个特点非常有利于实施“剪开提花”的技法（Steeking，一种传统方法，从环形织物的针目中间剪开，形成开口），毛线之间的黏着力，可以防止被剪开的针目散开。

当人们刚开始做费尔岛编织的时候，他们使用来自植物和矿物质中提取的天然颜色来染线（见第 8 页）；今天，鲜艳柔和的颜色都被用于设计之中。当你编织自己的设计时，你可以使用纯色的线，也可以搭配上杂色的线，增加作品的趣味。与所有类型的编织一样，线的成本是一个关键的考虑因素，当你使用多种颜色编织作品时，更加要考虑这一点。

多年来，我编织了许多费尔岛提花作品，我更喜欢使用天然纤维，根据作品的不同，使用的线从细线（4-ply/fingering）、中粗线（aran/worsted）到极粗线（chunky/bulky）不等。我发现使用 100% 的羊毛线更能提高手工编织的费尔岛设计品位，也更符合它的传统根源。此外，如果你在一件作品上花了很多时间，你希望它看起来和摸起来都很棒，好的羊毛会让你的成品更美丽、更专业。费尔岛提花也可以用棉线编织，但它比毛线的张力小。

也就是说，线的选择完全取决于个人，你需要记住这件作品是为谁制作的，或者它将会被如何使用。例如，为婴儿或蹒跚学步的孩子选择可机洗的线，会比使用必须手洗的线更实用；对于一件成人毛衣或开襟羊毛衫来说，手洗线的品种选择和颜色会更多。

每家线材公司都有自己的线和颜色选择，这将影响你的选线。如今你可以从不同的供应商处将相似的线材混合和匹配。但是，要注意检查每一团线的密度是否一致（关于密度的说明体现在线标上）。

线材介绍：

1 Fyberspates Cumulus蕾丝线（2-ply/laceweight），羊驼/真丝：这是一种柔软、奢华、厚重的蕾丝线，适合用于围巾、台布、披肩（见第142–145页）和精致服装。颜色非常丰富，混合得很好。

2 Jamieson's Spindrift设得兰蕾丝线：虽然被描述为蕾丝线（2-ply），却被当成细线（4-ply/fingering）来编织，这款线被用在设得兰连衣裙（见第146–151页）作品中。这个牌子的色卡颜色非常丰富，色彩无论是混合使用或对比使用都很好。这种线对于成人服装来说很理想，但这对孩子来说可能太扎了。

3 Wensleydale粗线（DK/light worsted）100%新羊毛：这款线用在勒威克马甲（见第132–137页）作品中。是一款适合成人作品的好线，既适合平针编织也适合费尔岛编织。

4 Jamieson's Shetland Marl：一款有质感的超粗线（chunky/bulky）。这款线用在帽子（见第70–75页）和袋子（见第138–141页）作品中。适合用于追求速度的编织作品。

5 Jamieson's Shetland Heather：柔软的中粗线（aran/worsted），适合纹理明显的编织作品。

6 Lang Merino 150细线（4-ply/fingering），100%初剪羊毛：极柔软的细线，可机洗。用在儿童连衣裙作品（见第92–101页）的其中一个配色中。

7 Koigu KPPPM细线（4-ply/fingering）美丽诺羊毛：一款色彩如万花筒般千变万化的线，用于毛衣和袜子都非常惊艳。

8 Manos del Uruguay Fino细线（4-ply/fingering）美丽诺/真丝混纺：奢华柔软，光泽感强。

9 Jamieson's Spindrift设得兰蕾丝线：品牌同第2款线，不同颜色。

1
2
9
3
8
7
6
5
4

工具

书中的每件作品，均对你所需要的棒针针号和类型作了详细说明，并附上了其他特定的必要工具的说明。尽管如此，下文的清单仍是一份有用的指南，有助于你了解费尔岛编织所需的重点工具和材料。

1. 棒针

在你的编织旅程刚出发时，收集一系列各种针号的直棒针和环形针是极有用的。如今的棒针品种实在是太丰富了：长度和针尖各不相同，材质包括竹子、金属、塑料或木材。棒针的选择取决于个人偏好。在这本书中我使用碳化钢针和抛光木针。然而，大部分时间我更喜欢使用木制棒针，因为它们光滑又有适当的摩擦力，可防止线频繁地从棒针上滑落。木制棒针受温度的影响也较小——塑料针在炎热的天气下很难使用，因为它们会粘在你的手指上！而有些人觉得钢针的咔嗒声会让人分心。

环形针可以用于圈织的作品，例如帽子；也可用在宽度特别大的作品，如披肩（见第142–145页），你可以使用环形针来容纳大量的针目，像使用直棒针一样来回片织即可。环形针的针号很多，但是通常有两种类型：一种是固定长度的环形针，两端各有一个短针头，两针头之间是一根可弯曲的针绳；一种是可拆卸环形针，针头可以互换，中间以针绳连接。

使用双头棒针来圈织，是一种传统的编织方式，在完成针数较少的圈织作品时非常实用——比如帽子的顶部——因为当环形针上的针数太少时，无法继续使用环形针。双头棒针通常是一套5根，4根用于容纳作品的线圈，使用第5根棒针来编织。

2. 卷尺

用于测量作品尺寸，也用于检查编织密度（见第26页）。

3. 布剪（或线剪）

一把锋利的小剪刀是必不可少的工具。换色时用于裁断毛线，作品完成后用于修剪线头。

4. 缝针

藏线头、缝合接缝和附加额外的装饰时必不可少（见第15，42，43和47页）。

5. 大头针

对作品定型时，用大头针将作品固定成设定好的尺寸。它们也可以在对作品进行缝合时，将分开的织片固定在一起。

6. 别针

这个工具可以穿起那些休针的针目，以便你继续编织作品的其他部分，例如领口处。主要用于服装编织中。

7. 记号扣

主要用于环形编织中，用于帮助标记一圈的起点。也可以在编织起点处用一根不同颜色的废线打个结套在棒针上代替。

8. 定型板

一块表面可对针织物定型的板子。可选的材料有很多，我喜欢使用KnitPro的组合式泡沫垫。这种泡沫不仅更容易扎入定型针，而且它的组合性意味着你可以拼出一块更大的定型板——非常适合较大的衣服或饰品——不用的时候，泡沫垫的储存也容易。

9. 纸剪刀

用于裁切非毛线或非线的材料，如制作流苏和绒球用的卡片。

笔记本和笔（配图未展示）

用于记录你的编织进展，这对于大件作品来说是必要的。我也喜欢写下不同毛线的编织密度，并记录已完成的行数。

行数计数器（配图未展示）

对已完成的行数做记录。

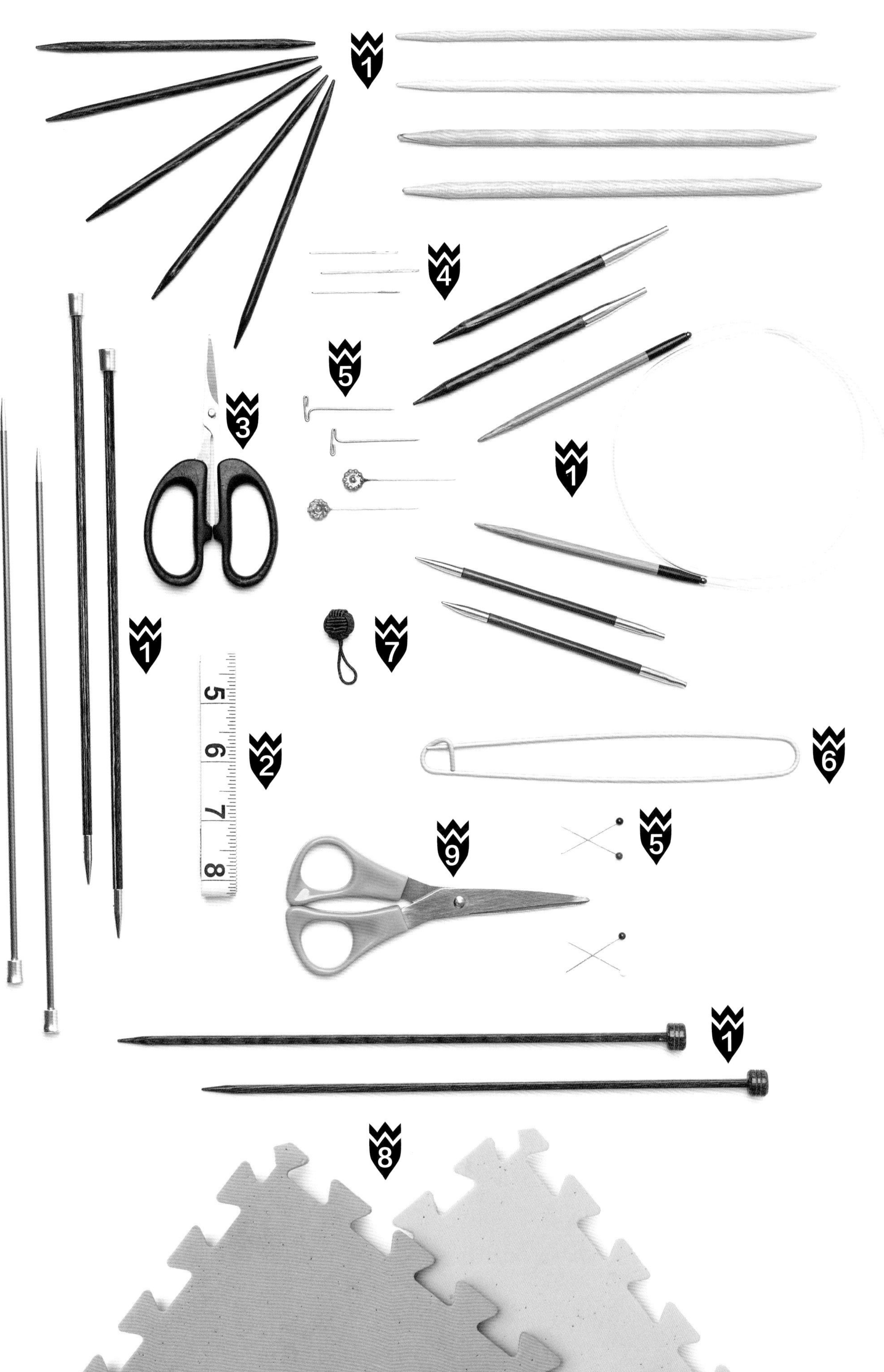
1
4
5
3
1
1
7
2
6
9
5
1
8

装饰品

所有的手工艺者都喜欢在他们的作品中添加特殊的装饰品或细节。你可以自己做一些或者买一些，当下的装饰选择非常丰富。虽然预算很重要，但多花一点钱买一些能对你的作品“画龙点睛”的东西总是值得的。

纽扣

对于带纽扣的编织作品来说，小心地选择纽扣对于成品来说是至关重要的，这值得你四处搜罗，为你的作品找到完美的纽扣，因为合适的纽扣可以提升你的作品的格调。我有一个盒子，里面存放着我从世界各地找到的和购买到的各种纽扣，我认为这些纽扣用在以后的设计中会非常棒。缝纽扣时，有一个有用的提示：使用与编织作品相同的线来缝纽扣（参见43页），这有时意味着你可能需要把毛线分股，让毛线变细，以穿过缝针的针眼和纽扣上的小孔。

串珠

串珠有各种大小、形状和颜色。它们既可以直接缝在织物上（见第42页），也可以在编织的过程中直接织进织物中。无论你决定用什么珠子，确保它们的大小和形状适合你的作品和毛线。如果这个串珠的洞眼尺寸不对，珠子要么会被奇怪地固定着，要么会四处滑动。此外，大串珠会盖住较细的线，反之，小珠子会被较粗的线所掩埋。最好先用一团或一段与你准备织的作品相同的毛线去测试串珠，看看它与你的线搭配起来会是什么样子。

刺绣线（绣花线）

作为毛线的替代品，刺绣线可以用来缝合和缝缀装饰品。就个人而言，我更喜欢将毛线分股来缝合或缝缀（见第42页和43页），但如果你所选择的毛线很难分股（通常是合成纤维的情况），选择一段长度足够且与你的编织作品相匹配的刺绣线也会很好。

花边

市售的成段花边，可以对抱枕的边缘或口袋的顶部进行不错的装饰。花边可以用手缝，也可以用缝纫机缝合，慢慢调整正确的线迹，在必要情况下选择合适的压脚，以顺利吃住织片。

流苏

流苏的制作是一个非常有用的技术，值得加入你的编织技能中。流苏有很多用途，可以系在围巾的末端或枕套的边角上，也可以系在帽子的顶部，甚至可以系在毛衣的下摆上。关于如何制作流苏参见第46和47页。

绒球

一种有趣的装饰，放在帽子或手袋这样的作品上会显得非常可爱!

市售的绒球制作器比起传统的两张纸板的制作器要好用得多。市场上有不同品种的绒球制作器，如果条件允许，应该尝试不同的类型，看看哪一个最吸引你。我认为，越简单越好。就我个人而言，我喜欢使用Prym公司的绒球制作器，因为它们很容易分离和夹回，而且制作器本身在“拱”上绕线时，也不容易移动。如果你觉得自己的绒球制作器使用率不高，你可以用传统的纸板来开始制作。我将在第44页展示如何制作。

就跟棒针一样，最好拥有一系列尺寸不同的绒球制作器，以便你能为所有的作品制作尺寸匹配的绒球。我有5个不同的尺寸：25毫米、35毫米、45毫米、65毫米和85毫米。最大的尺寸适合用在费尔岛提花帽子上（见第70–75页）。

绒球制作器

顶部：可夹式绒球制作器，Prym公司生产；

中左：家庭式纸板制作器；

下方：可旋转、不可折叠式绒球制作器，Clover公司生产。

配色

我在制作自己的设计时总是受到颜色的影响。我第一件编织作品的颜色灵感来自石南花和蕨菜，当时我在苏格兰斯凯岛看望我儿子。我在一家当地的羊毛商店找到一款线，正好能表达我所看到的颜色，然后我用同样的色调织了一条围巾。现在，它成了反复唤起这次行程的纪念品。

玩转色彩是一件很开心的事，周围的所见都可以为你提供各种色彩的灵感。参观美术馆是一个激发我创造力的好地方——大卫·霍克尼（David Hockney）的作品是我的最爱，他对色彩的运用值得学习。

然而，在举办我的编织研讨会时，参与者经常说他们很少做配色实验，离开图案所指定颜色便很难对颜色做选择。我希望这一部分能帮助你发现色彩和新想法。

本书所用的毛线都是经过精心挑选的。就我个人而言，我喜欢柔和的颜色加上暖色调，但我知道每个编织者都有自己的偏好；出于这个原因，在本书后面的样片图库中，我尽量增加各种不同的配色版本，不仅是为了满足不同人的口味，也为了展示如何在舒适区之外尝试新的颜色组合。织片和不同的配色版本可以让你了解不同颜色是如何成功组合的，也可以让你看到颜色的更换可以让相同的图案看起来完全不同。

在下一节中，我将给你一些信息和指导，关于如何理解颜色，以及如何在你开始编织图案时着手处理颜色，如果你正在努力拼凑自己的配色，我希望这些内容会对你有用。不过，也不用觉得太难，就把这些知识作为你自己“混和”毛线的起点，看看这些额外的自信能带来什么成果！

自然界中的颜色

这些照片是我去看望住在苏格兰的儿子时拍的。从平静的冷色调的海洋和天空，到艳丽的花瓣或者蝴蝶的翅膀，你会对大自然提供的颜色感到惊讶。

配色理论

永远不要害怕和色彩玩游戏，因为你可能会惊讶于不同的颜色居然可以组合在一起！一些颜色天然能愉快地融合在一起，另一些颜色则会形成更鲜明的对比。通过分析和理解颜色，在开始编织你的费尔岛提花图案之前，你可以识别和决定什么颜色会更好地组合在一起。

在整个样片图库中，针对每一份样片图解，我都提供了一到两种的配色参考作为补充，以帮助你了解还有哪些其他颜色可以用在你的作品中。但是，我鼓励你使用下面的信息和建议来玩出属于自己的与众不同的配色。

一般来说，颜色可以被描述为或暖色或冷色。例如，蓝色和绿色通常被描述为“冷的”，而橙色和红色被描述为“暖的”。在探索新的颜色前，这通常是一个很好的开始，因为同一种范围内的颜色天然可以搭配在一起。

然而，通过理解色彩理论和使用色轮（如右图所示），我们可以将颜色进行简单的分组，并利用它们背后的理论来帮助我们组合出更不常见却意外和谐的色彩。请注意，这些只是指导原则，颜色组合可能会随明暗而变化。

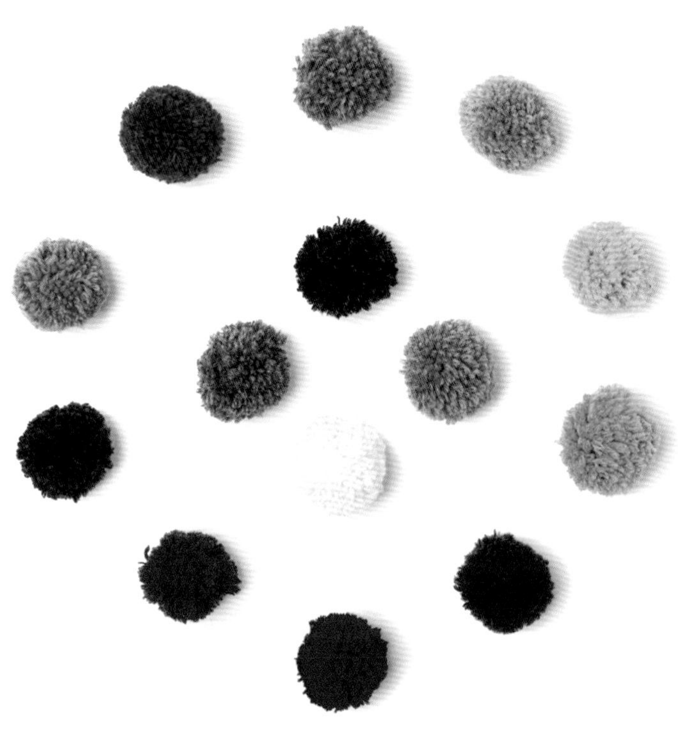

原色

原色是指红色、黄色和蓝色，它们不能由任何其他颜色混合而成。通过混合这些颜色，每种颜色的用量或多或少，你可以调出其他所有颜色。有时黑色和白色也被称为原色。

间色

间色是由两种原色混合而成的。它们是绿色（黄色与蓝色混合）、橙色（黄色与红色混合）和紫色（红色与蓝色混合）。

复色

复色是原色和间色的组合。有六种复色：红橙色、黄橙色、黄绿色、蓝绿色、蓝紫色和紫红色。

和谐的色相

色轮上相邻的颜色，如蓝色和绿色、黄色和橙色，这些颜色混在一起通常很好看，然而，根据色调的不同（见下文），也会发生相反的效果。

互补色

这些颜色在色轮中是直接相对的，例如，紫色与黄色相对。这些颜色之间的对比强烈，可以在费尔岛提花图案产生令人惊叹的效果。

色彩（tints）、色调（tones）和色度（shades）

一种纯粹的颜色叫做色相（hue）。在一种色相中添加白色可以使该色相的颜色变浅，称为色彩（tint）。在色相中加入灰色会使颜色更暗、更柔和、更不饱和，这叫做色调（tone）。在色相中加入黑色会使它变得更浓，更暗——这称为色度（shade）。

选择你的配色

深浅的组合

如果选择许多不同的颜色听起来让你害怕，有一个简单的方法，可以为你的编织作品添加更多颜色和趣味，那就是取同一个单一颜色的不同色彩、色调和色度来结合。

例如，根据你编织的主要颜色是冷色还是暖色，在图案中加入纯白色（冷色）或奶油色（暖色）作为边饰线或“点”，是一种可为简单的配色方案增加趣味的微妙方式。

互补的组合

在费尔岛提花图案中使用互补色，可以产生引人注目的设计。这里，只有两种颜色——尽管都同样大胆——可以给一个简单的图案增添活力，却不显得太花哨。

柔美和谐的组合

粉色和紫色很愉快地并排列在一起，形成了这个著名的OXO图案。因为图案使用了四种颜色，而粉色和紫色是同一个颜色的不同色调版本，我添加了浅褐色和奶油色——中性的暖色——以产生微妙的影响。这种组合的美妙之处在于，它们的配色组合可以为编织者在使用同样颜色的前提下提供另一种配色参考。为什么不把粉红色换成紫色呢？或者把粉色换成白色？

当编织像OXO这样的图案时，试着编织鲜明或柔和的颜色，这样你就能看到区别。一个简单的重复图案可以是费尔岛提花的良好开始。

鲜明的和谐组合

对于那些胆大和勇敢的人来说，用一种聪明的方式组合你不同的配色方案，可以创造出不寻常的和鼓舞人心的设计，真正有“令人惊叹”的效果。

需要注意的是，一个简单的重复图案一比如这里的波浪图案一可以防止色彩鲜艳的设计看起来不和谐，并有助于整体平衡。我会避免使用大量颜色进行复杂的设计，因为这样看起来会太杂乱和不协调。

在这个设计中，将两对截然不同的和谐色彩组合在一起。为了给样片带来更多的凝聚力，这两种组合都是自身的纯粹、大胆的版本；此外，一个简单的中性色带——黑色——设计在两对配色之间，对颜色做适当的分割，使它们被视为单独的组合。

玩转配色

为了向你展示用不同的毛线或颜色创建一个独特的设计是多么容易，我在这里提供了一些例子。可把这些案例作为灵感用在你自己的配色方案中，但是记住在使用在作品之前要考虑线的粗细。

右侧

一个图案，四种配色方案

一个简单的颜色变化就能改变一个费尔岛图案，这真是太神奇了。在这里，我用相同的传统OXO边饰图案（见第50页）编织了三顶不同配色方案的帽子。分别是偏柔和的色调（前面第二顶）到同色系更明亮的配色方案（前面第三顶）和对比度更强的配色方案（最后一顶）。正如你所看到的，绒球也可以为你的设计增添更多的乐趣！它是用相同毛线的剩余线头做成的。

下方左边和右边

用不同的线改变外观

有时候，仅仅改变线的类型就可以改变你的作品的外观。在这里，我使用了与这本书中抱枕相同的动物图案（见第164–167页）来编织另一个抱枕，但这次我使用了杂色毛线作为背景色，并为绵羊使用了奶油色的圈圈线，以增加趣味和纹理感。

上方及右边

育克毛衣：改变配色方案和毛线

事实上，这两件毛衣使用了一样的图案！然而，通过使用不同的毛线和色系，你会发现它们的差别如此之大！对于右边的毛衣，我从原版的作品提取了图案（见第76–81页），但将颜色的数量维持到最少，使费尔岛提花编织起来稍微简单一些。我使用了棕色作为背景色，段染蓝色用在主要图案中，段染海绿色作为边饰图案，用在蓝色条纹中间。

色彩是一件非常个人的事情，你对线的选择会在很大程度上受到色相无意识向你表达的影响。有些人觉得他们一旦离开图案的指定配色，便很难为他们的作品做配色选择。但你应该思考一下你天生便喜爱的颜色，然后结合基本的颜色规则来帮助你做出自己的配色组合。最能打动你的或许是紫色？或许是黄色？看看与它们相联系的颜色——和谐的或者互补的——你会发现一个令人兴奋的调色板，而你原来从未考虑过！

所有的编织者都囤着不同颜色的奇奇怪怪的毛线，可以利用这些机会尝试不同的颜色方案。用零线团做一些小的测试样片，看看否能找到适合自己的配色组合。如果你对第一个样片不满意，不要拖延，不断尝试不同的颜色，直到你找到一个满意的“混搭”。这些样片也可以重复使用，添加到你的费尔岛提花作品中，作为围巾、披肩或毛毯的边饰或中心设计。

参观当地的毛线商店或编织展览，看看毛线或颜色是如何陈列的。展台和他们展示的编织书会给你提供大量的灵感。

时尚资讯在色彩、图案和纹理上都是一个很好的灵感来源，许多设计师不怕把独特的配色方案和图案结合起来。浏览时尚书籍、目录或网站，看看你能找到什么。看看你周围的人的着装选择吧！你的朋友、家人甚至陌生人都可能因为他们的装扮而引起你的注意，而原因通常是他们选择的颜色搭配。同样，室内设计可以是一个寻找色彩和纹理的新鲜想法的好地方。

不同的环境和季节也是很好的起点。例如，城市里的工业区，色彩通常是冷色和灰色，夹杂着一些温暖的色调，比如橙色和红色——通常是乡村风味的组合。在冬季或夏季，同样的场景可以由于白色或绿色的挥洒，以全新的面貌出现。乡村——充满了绿色和大胆的色彩——在季节变化中比城镇更有特色。秋季和冬季是寻找灵感色彩的最佳时节。回到同样的地点，一天中不同的时间，同一个场景的颜色在早上和晚上看起来也会不一样。

当然，艺术是寻找配色方案的绝佳地方。逛一逛画廊，翻一翻艺术书籍或杂志，这些都会给你带来意想不到的色彩。插图书籍也是很好的色彩来源。

食物并非寻找色彩的传统物品，但它的摄影作品是非常鼓舞人心的：从食物本身的颜色，到它们所搭配的食器和桌子，这些惊人或柔和的色系，往往适合大部分人的品位。

我给你的建议是——不要害怕玩转颜色。用这些想法作为你创造力的起点，玩得开心！随着时间的推移，你会逐渐获得信心，去制作专属于自己的复杂配色方案。

毛线中的自然色

看看大自然是如何激发你的毛线色彩灵感的。从海岸线（左上）、春天的浆果（右上）、冬天的水果（左下）和秋天的花园（右下），我们的周围提供了很多关于色彩的想法。

编织技巧

费尔岛编织是一种配色编织的方法，由两个颜色的线渡线绞合而成。颜色要么是在一个固定的花样内变更，要么在开始一个新的特定图案时发生变更。换颜色最快的方法，是“放掉”你不使用的线，然后拿起新的颜色继续编织，同时允许旧的颜色在此行的背后“渡”过去。浮线总是发生在织片的反面，通常建议每隔两到三针换一次线，以避免过长的“浮线”可能被损坏或勾住。你需要决定哪一种颜色的毛线保持在最上面——第一种颜色还是第二种颜色——并且在这一行的颜色变化过程中保持这个顺序统一。

大多数的双色渡线编织是用两根直针编织平针，当作品为圈织时，只需要编织下针。

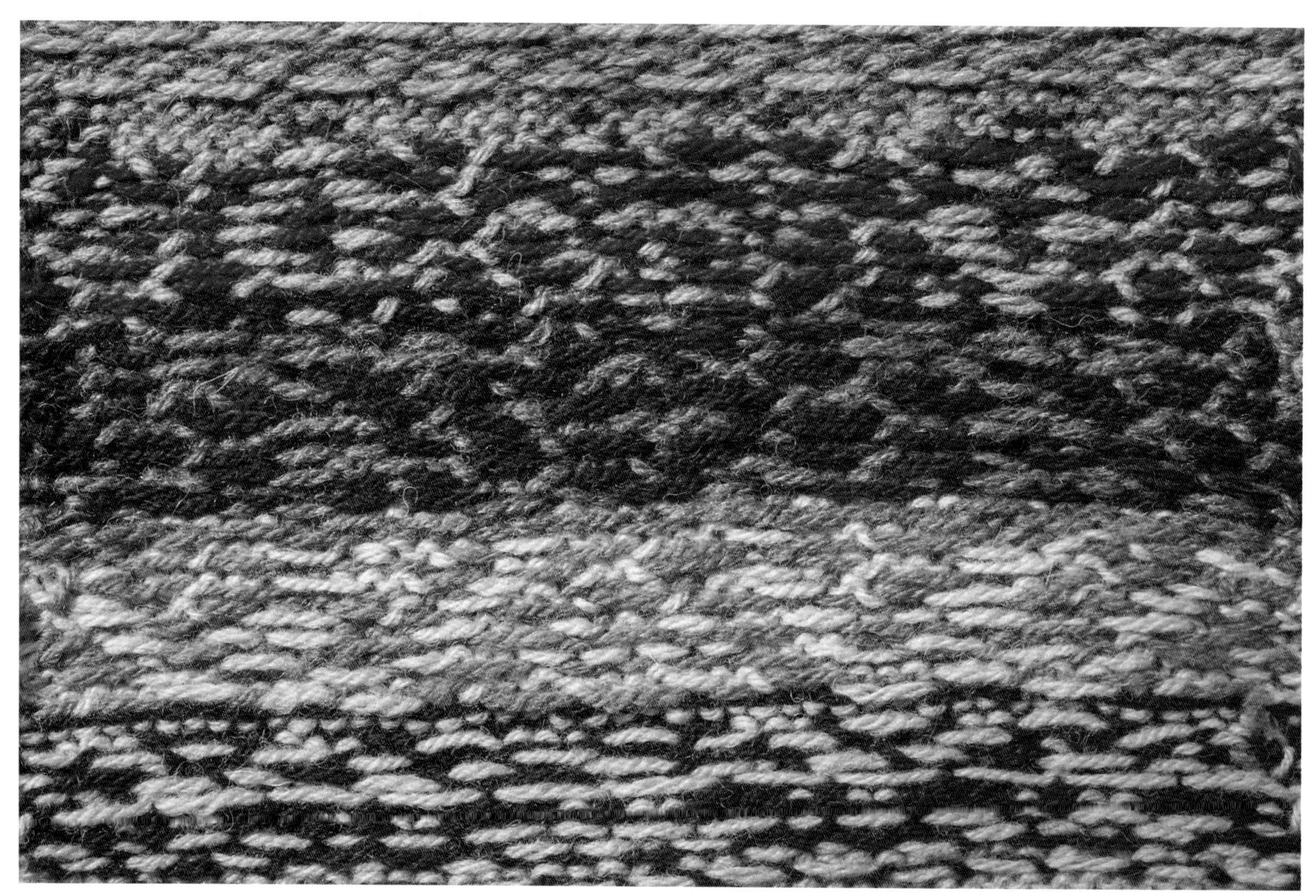

费尔岛提花的反面

一块典型费尔岛提花样片的反面（背面）。

用多种颜色编织图案意味着这一行中未使用的颜色被“带”到后面，形成毛线的“渡线”或“浮线”。某个颜色在它所属的图案之间的距离越大，作品后面的渡线就越长。

如何带线

由于费尔岛提花编织是一种同时使用两种颜色（偶尔会用到三种甚至四种颜色）的技艺，意味着你需要注意如何带线。

跟常规的编织一样，带线有两种常见的方法可供你选择。一种方法是英式带线，使用你编织旧颜色（第一个颜色）的同一只手，去编织新颜色（第二种颜色），同时将旧颜色“放掉”，或是将它们握在同一只手中。你可以使用的另一种方法是大陆式带线，在编织的过程中，新旧两个颜色都握在左手（如果你是左撇子，则用右手），因此你可以简单地带住线，在需要的时候按指定的颜色编织下针（或上针）——这将确保线的张力始终保持不变。下面的图片，以及整个编织技巧部分，是从右手编织的角度展示了两种带线方法。

就我个人而言，我更喜欢用英式带线的方法，这也是我在整个编织技巧部分带线的方式。英式带线织上针和滑针会更容易。此外，由于费尔岛提花的图案传统上每行只有两种颜色，所以你很少需要在同一时间携带一种以上的颜色，这使得“放掉”旧颜色没有任何问题。

英式带线（单手的方法）

右手带起新颜色（第二个颜色，本白色）并编织，而旧颜色（第一个颜色，绿色）被放掉并置于织片的反面。右手食指控制好张力。

大陆式带线（双手的方法）

一只手（此处为左手）握住旧颜色和新颜色。右棒针在需要的时候只需挑起必要的颜色来编织。线被绕在其中一根手指上（通常是食指），以控制张力。

编织密度

编织密度是指编织者在使用某款线、某个针号和某个图案编织时，所获得的单位长度内的平均针数和行数，它被用于根据尺寸来推算针数和行数。为使你的编织成品达到所需的尺寸，密度的准确性是非常重要的。此外，太紧或太松的针目也会导致费尔岛图案的扭曲，这将影响整体设计的外观。

编织密度受你的编织和带线方式影响。如果你带线和编织得紧，作品就会偏小；相反，如果你倾向于松散地带线，并且编织得较为放松，作品将会偏大。

所有的教程都会列出具体使用的线材，在保证编织密度一致的前提下，线材是可以替换的。

在作品中，提供了两种密度参考：一是毛线生产商的参考密度，二是我针对具体作品的参考密度。作品中的编织密度测试，通常基于平针编织的样片，取其中10厘米见方的面积来测量。这也是我在整本书中使用的针法和测量方法。

如果你得出的密度针数比教程中所述的少，意味着你编织得太松，解决方案是换小一号的针来编织。反之，如果你得出的针数比所述更多，你需要换大一号的针来编织。换针号并不是一件值得担心的事情，我总是告诉我的学生，编织就像去一个新的目的地旅行——只要最能终到达那里，怎么做都不重要！

当你获得了正确的密度，就可以准备编织你所选择的图案，完成后的尺寸应该与你所选择的作品相匹配。

提示

有一个检查密度的快速方法，即来回挪动针上的织物。如果它平稳地沿着棒针移动，说明密度合适。如果它滑动起来很费劲，密度就太紧了；相反，如果它太容易沿棒针滑动，说明密度太松。

如何测量编织密度

1. 起出合适的针数，通常要比密度测试中提示的针数多4–6针。
2. 按照指定的图案编织，在达到指定的10厘米提示的行数后，加上额外的4–6行。松松地收针。
3. 使用与完成作品相同的定型方法来对样片定型（参见第40–44页）。
4. 拿起卷尺，取10厘米的长度数一数针数。
5. 再次使用卷尺，取10厘米的高度数一数行数。

在一行中测量针数。

测量行数。

如何接新线

接上一团新线的最简单的位置，是在一行的开始处。你只要简单地拿起新线团编织，让原来剩余的线垂落就可以了。之后，两个线头都可以被缝入作品里，或是缝份处，或是藏入织片的背面。

当一团线即将织完时，接上新线的方法也是一样的，只要确保你留下足够长的线头，以便最后藏线头。

费尔岛编织基础

下针

当准备织入第二个颜色时，方法就像普通编织时加入新的毛线一样——不过你并不需要将新旧毛线一起打结。

用第一个颜色线（绿色线）编织最后一针，然后将它“放掉”并留在织片的背面。预留10厘米的线尾，使用左手（如果你是左撇子，则使用右手）的无名指和中指夹住新颜色线，并拉紧一些。像普通编织时那样，取线团的末端绕在手指上，将右棒针以下针方向插入下一针。

将新颜色线逆时针绕在右棒针上。

将所绕针目从一针中掏出。将针圈挑离左棒针，移到右棒针上。新颜色的第一针完成。

上针

与下针一样，编织费尔岛提花的上针时，跟普通编织时一样。费尔岛提花很少有需要编织上针的时候，织起来的感觉像捡起那根先前在前一行“垂挂”的第二个颜色线，然后像普通编织时织上针一样织出来。此处我用了一个渡线编织的样片，所以你可以看到新颜色线是如何在背后横着渡过去的。

挑起第二个颜色线并用手指绕住，以产生必要的张力。以上针方向插入棒针。

将新颜色线逆时针绕在右棒针上。

将所绕线圈从一针中掏出。将针圈挑离左棒针，移到右棒针上。新颜色线的上针完成。

渡线

费尔岛提花编织的主要特点，是在线的颜色变换的时候，在织片的背后发生渡线的绞合。

每一种颜色之间的间隔针数，以及配色的数量，决定了线在背后的渡线情况。如果颜色间隔在三针或更少的针数，这个过程就比较简单：你可以放下第二种颜色线，直接开始织第一种颜色线，第一种颜色线会自然地在背面渡过。但是，如果你的颜色间隔有四针或更多的针数，有必要对未使用的颜色线进行“绕线”，以使线圈固定到织片背面，并确保没有长浮线留在反面。这一操作也叫做“夹线”。

颜色间隔为三针或更少

在这个例子中，我们已经织了三针绿色线。我所用的图案显示粉红色是下一个颜色。

值得注意的是，由于在粉色之后，绿色会立刻被挑起来，所以没有必要完全放掉它——只要用你的手把它抓得更低一些，在你处理第二种颜色的时候，它就不会产生阻碍。

注意：这里的样片为下针方向编织。上针的方法与下针相似，只是右棒针要从织片的反面往左棒针的上方送针。

将右棒针插入下一针。小心地将主色（绿色）线从你的食指向下移动，然后用无名指和尾指把它抵在手掌上。挑起第二种颜色（粉色）线。

以普通编织的方法织一针下针（也可参照第27页指引）。如你所见，第二个颜色（粉色）已自然地在织片的背面渡过去。

提示

在这个图案中，第二个颜色只需要织一针，也并不会在几针之后重新出现，所以没必要同时与绿色线握在一起。只要把这个颜色的线放掉，再挑起主色（绿色）线照常编织即可。

颜色间隔为四针或更多
需要在第三和第四针之间进行绕线或“夹线”

注意：为使绕线过程看得更清楚，样片以上针方向编织。下针的方法与上针类似，只是右棒针要从织片的正面往左棒针的下方送针。

如你所见，图片中已经使用第一个颜色（绿色）编织了3针。第二个颜色（本白色）暂时不会重新被织进作品里，所以这个颜色需要在织第4针时进行“夹线”，以避免产生太长的渡线。

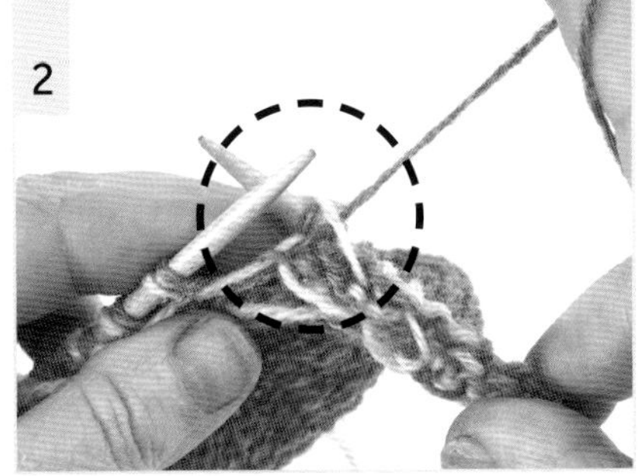

将在织的线（绿色）放在棒针的上方。然后，将需要被夹的颜色（本白色）放在绿色线的上方。再次挑起编织中的线。

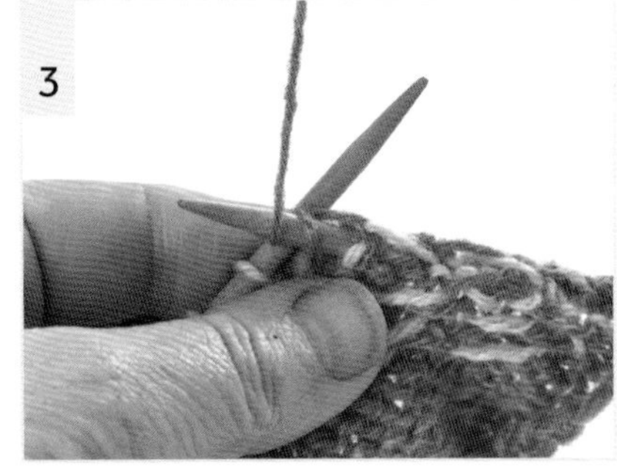

将棒针插进针圈里，然后以逆时针方向将编织线绕在棒针上。继续如常编织。

这里，你可以看到，在织的线（绿色）与未织的线（本白色）缠绕在一起并固定了位置。你可以继续编织2到3针，无需夹线，然后，你需要将未织的线再绕一次。

提示

一个已经编织过的颜色，只有当它需要在同一行或下一行重新织入时，才需要在作品的背面横向渡线。如果不需要，我建议把线剪断，留下一条长线尾方便藏线头。以后还需要这个颜色时，再简单地取一段新线重新织入即可。

织入第三个颜色

传统上，费尔岛提花每行只使用两种不同的颜色，这是因为使用多种颜色会在作品背后产生大量重叠的“渡线”，增加了线被勾住的机会。然而，有时一个图案会要求在同一行内使用第三种颜色，特别是如果它是一个细节很多的图案（如第57页的大花边饰或第68页的樱桃边饰）或一个有“亮点”的复杂图案（如第110页的洛蒙德湖图案）。

为了防止新线的长浮线挂在织片背面产生妨碍，织完第一针后，将旧线与新线进行夹线，以将它安全地固定在织片的反面。

注意：为使绕线的过程更容易看清，下面的步骤是以上针方向编织。下针的编织方法与上针类似，只是右棒针要从织片的正面往左棒针的下方插针。

将上一个颜色放掉，预留约10厘米的线尾，把新的第三色（粉色）放在棒针上方。以逆时针方向绕在棒针上。

编织第一针，并将它从左棒针移至右棒针。

准备绕线。将其他两个已编织的颜色（绿色和本白色）绕在第三色上方。注意这三根线是如何紧握在我手中的，使用我的食指、中指和无名指将线扭曲并维持张力。

继续编织。在这里，绿色是下一个要编织的颜色，而粉色和本白色为渡线。为方便展示，这些渡线都挂在棒针后方，以便你看清绕在一起的渡线。

提示

如果第三种颜色要再次使用，如常编织下针或上针（见第28和29页）。如果第三种颜色直到很久以后才重新出现，那就应该把它剪断，保留一个线尾。

提示

如果第三种颜色只使用一次，可能没有必要使用整球线。相反，剪出一段长度约为编织宽度三倍的长线，以正常的方式把它织进作品里。

加针

费尔岛编织中的加针与普通编织完全一样，只需要花几分钟就可以适应使用两种不同的颜色来加针。有两种不同的加针方法——“在同一针的前后编织”（kfb加针）和“扭加针”（M1）。前者在同一针里编织，创造出新针目；后者在两针之间编织，创造出额外的针目。

在同一针的前后编织（kfb加针）

加针痕迹最明显的方法，将产生一个小小的凸起，看起来与一针上针相似。

将右棒针插入针圈，以逆时针方向绕线。

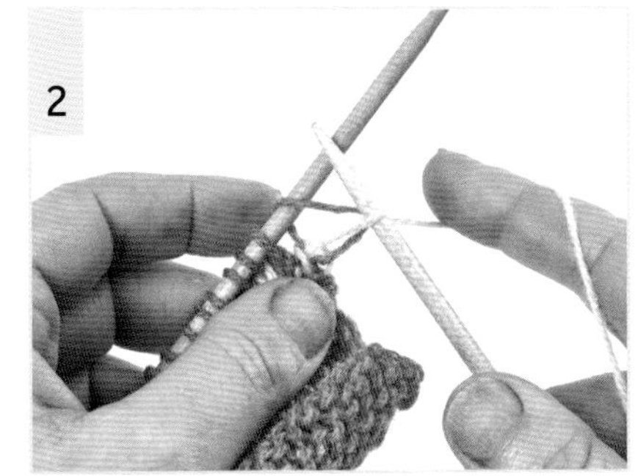

如常将绕线从针圈中掏出，但是不要将针圈从左棒针上脱落。

将棒针重新插入针圈，这次织的是后针圈。再一次在棒针上绕线。

这一针可以从棒针上脱落。如你所见，两针都在右棒针上。

提示

加针通常在下针行进行，很少在上针行操作。

扭加针（M1）

这种特殊的技法形成无痕的加针，用在针织服装的加针中非常实用。

在右棒针的针目和左棒针的针目之间，有一个水平的“杠”或“线”——将左棒针从下方挑起，形成加针位置。

棒针挑起这根线的方向，会决定加出来的新针目是向左倾斜（棒针从前向后入针）或向右倾斜（棒针从后向前入针）。除非教程中强调了方向——向左扭加一针（M1L）或向右扭加一针（M1R）——否则两种方法都可以使用，由你的偏好来决定就可以。下方我使用了向左扭加一针。

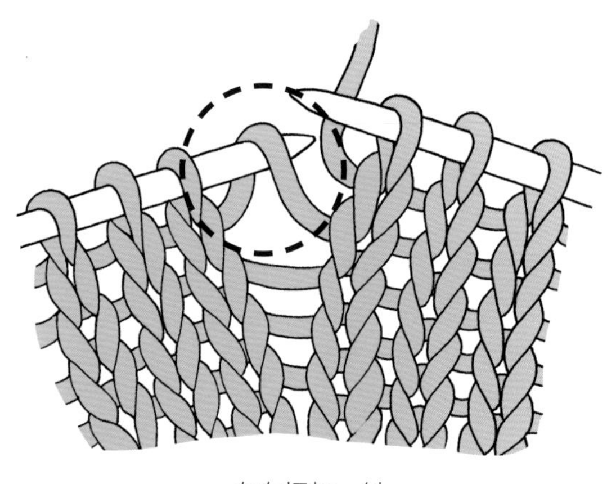
向左扭加一针

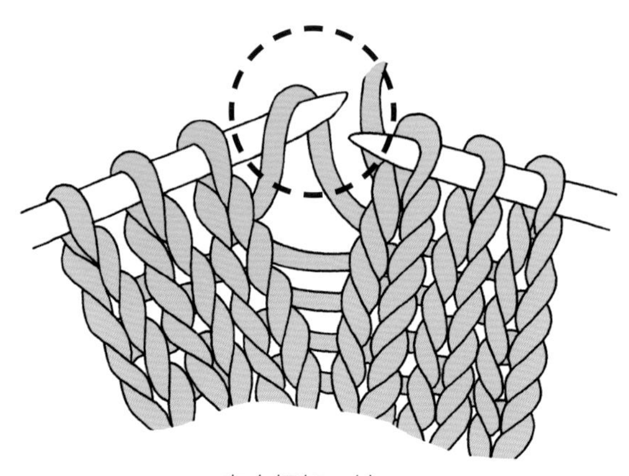
向右扭加一针

用左棒针，将针头从前向后挑起这根线，使之挂在左棒针上。

如常编织一针下针。

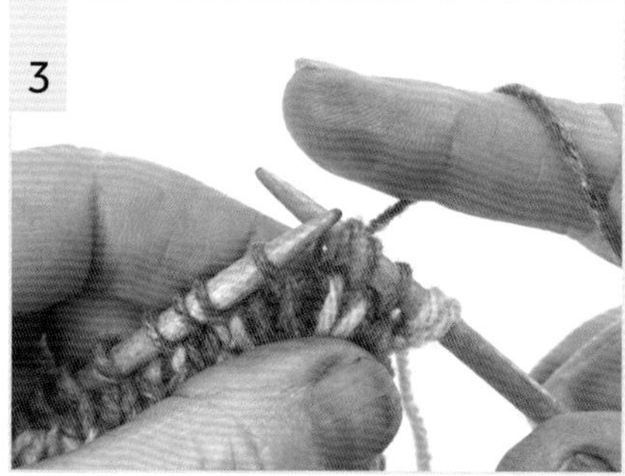

将织好的一针移到右棒针。额外的一针完成。

减针

跟加针一样，费尔岛编织中的减针与普通编织完全一样。减针可以向右或向左倾斜，取决你使用的减针方法。为织物选择正确的减针方法非常重要，尤其是在编织那些对加减针结构要求更高的作品（如针织服装）时，因为要确保减针效果与作品适配。

向右倾斜的减针是“将两针并织成下针”（K2tog，下针左上2并1），而向左倾斜的减针是“滑一针，再滑一针，将两针并织成下针”（SSK，下针右上2并1）。下针左上2并1和下针右上2并1通常成对出现，在作品的正面形成对称协调的减针结构。与之对应的，上针左上2并1（P2tog）和上针右上2并1（SSP，滑1针，再滑1针，将两针并织成上针）也会成对出现，在作品的反面做对称的减针。

将两针并织成下针（k2tog，下针左上2并1）

将右棒针插入两个针圈中。在棒针上逆时针绕线，如常编织下针。

将针目挑到右棒针上。你会见到两针被并织成一针。

上针左上2并1（P2TOG）

上针左上2并1的织法与下针左上2并1的方法几乎一样，但它出现在上针行，且棒针以上针的方向入针。这个针法也会带来一样的减针效果，在作品的正面产生向右倾斜的减针痕迹。

扭织下针2并1（K2TOGTBL）

扭织下针2并1的编织方法与下针左上2并1的方法几乎一样，只是棒针的入针方向并非从前向后入针，而是从后向前入针。这个减针方法既实用又有装饰性，会在并针处形成微妙的扭针纹理。

下针右上2并1（SSK）

以下针的方向将左棒针上的一针移到右棒针上。

以下针的方向将左棒针上的下一针移到右棒针上。

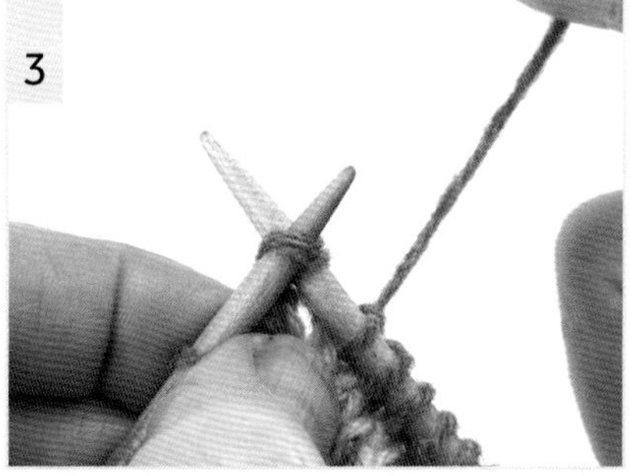

将左棒针从后向前同时插入两个被移动到右棒针上的针圈中。如常编织下针。

费尔岛编织的圈织

费尔岛编织的圈织与片织非常相似，唯一的区别是，当你在作品中织入一个新颜色时，要在编织第一针后，将新颜色与旧颜色扭在一起，以免在连接处产生一个洞眼。

你可以使用环形针或双头棒针来圈织。环形针通常是最受欢迎的，因为它可以像片织一样高效率地编织，然而，对于编织作品中针数较少的部分，如帽子的顶端，你需要将织物转移到双头棒针上，因为即使是最短的环形针，对于这样一个紧凑的针数依然会有点偏长。对于一些作品来说，圈织是更好的选择，因为事后不需要缝合侧边。

环形针（Circular needles）

如常编织第一个颜色（灰蓝色）。当你准备织入第二个颜色时，将棒针插入针圈，用新颜色（本白色）绕线，如常编织出单独的一针下针（见第27页的指引）。

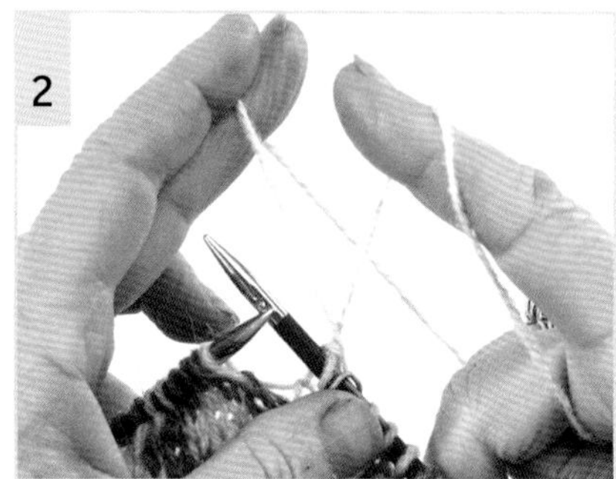

将两团线的末端缠绕在一起。

继续按教程所述颜色编织下针。做完这个动作后，将新线拽紧，以确保新的连接处坚实，不会露出洞眼。

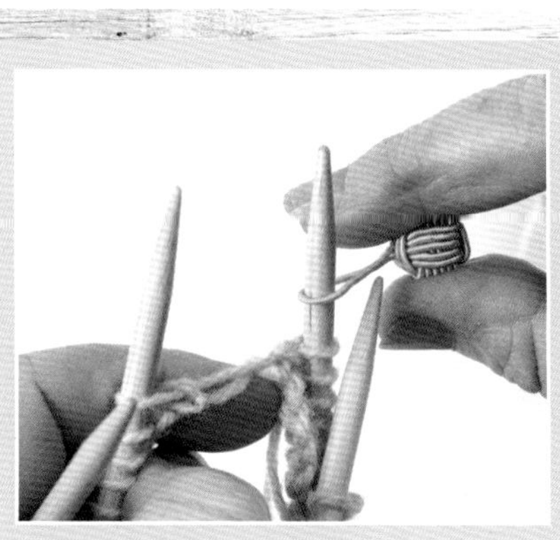

提示

无论你使用双头棒针还是环形针，在你编织第一针之前，请确保一圈的起点处放了一个记号扣。这将确保一圈的起止点是固定的，而你永远能知道这一圈从何处开始。也可以使用一段其他色的零线来标记。

双头棒针（DPNs）

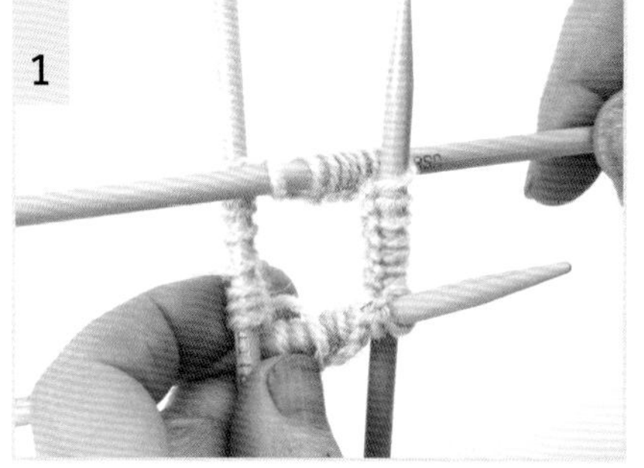

对棒针做准备操作以方便圈织。样片中有32针，通过一针针地移动针目，将它们平均分配到四根棒针上，每根棒针上为8针。

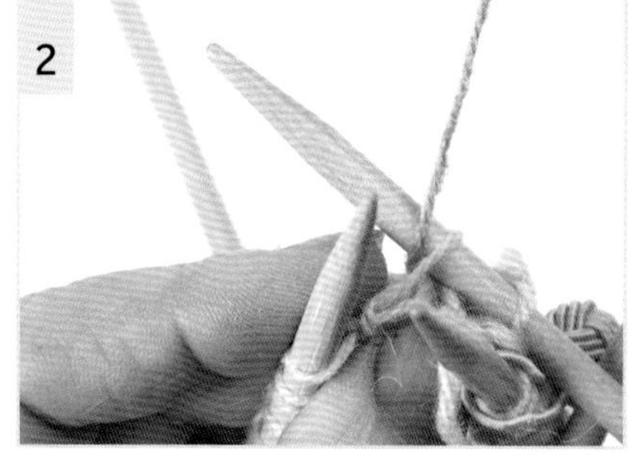

使用额外的棒针（此处为第5根），用起针行的颜色如常编织图案，并移到右棒针上。当你准备织入第二个颜色时，先预留约10厘米的线头再将线绕在棒针上，以新颜色织出单独的一针下针。

将右棒针插入下一针。将两根配色编织的线握在手里。

将两根线绕在一起，你可以继续编织一针下针。

阅读图解

图解从下往上阅读，底部是图案的开始，顶部是图案的结束。当你使用直棒针片织时，要根据图解格子的阅读方向来决定这一行是下针行还是上针行。通常，下针行是奇数行，从右到左阅读图解上的格子。相反，上针行是偶数行，从左到右阅读图解。

圈织时（比如一顶帽子或一双袜子），每一行都织下针，每一行的图解都从右到左阅读。

提示

圈织的图解和片织的图解看起来是一样的，唯一的区别在于圈织不需要织上针，所以偶数行也是织下针。

图解示范

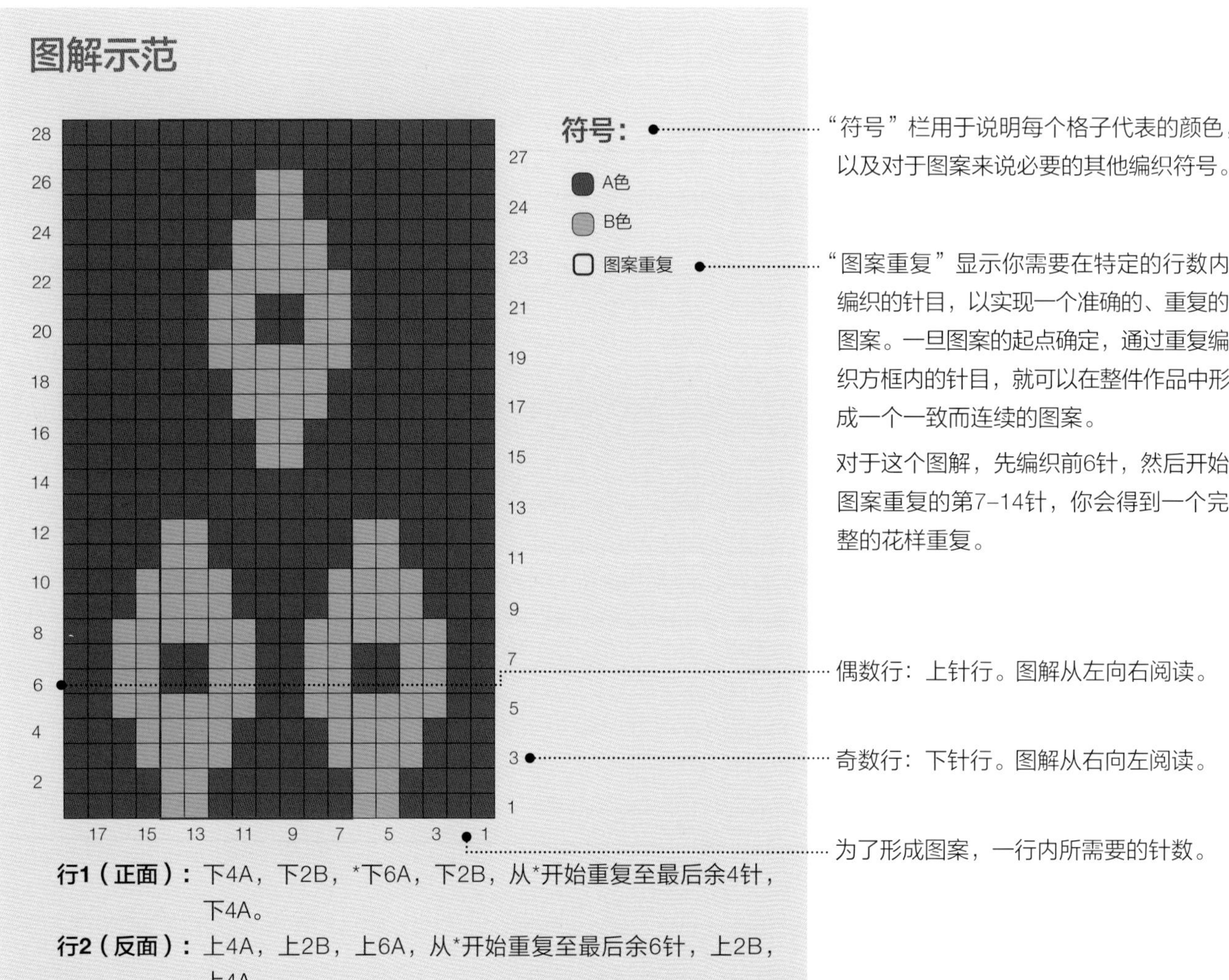

"符号"栏用于说明每个格子代表的颜色，以及对于图案来说必要的其他编织符号。

"图案重复"显示你需要在特定的行数内编织的针目，以实现一个准确的、重复的图案。一旦图案的起点确定，通过重复编织方框内的针目，就可以在整件作品中形成一个一致而连续的图案。

对于这个图解，先编织前6针，然后开始图案重复的第7–14针，你会得到一个完整的花样重复。

偶数行：上针行。图解从左向右阅读。

奇数行：下针行。图解从右向左阅读。

为了形成图案，一行内所需要的针数。

行1（正面）： 下4A，下2B，*下6A，下2B，从*开始重复至最后余4针，下4A。

行2（反面）： 上4A，上2B，上6A，从*开始重复至最后余6针，上2B，上4A。

文字说明等同于图解，包含了所有内容。这些说明将出现在图解附近。

以下是教程说明，解释了文字说明与图解之间的关系：

注意，第一行从右到左阅读，以"下4A"开头，意思是"用A色织4针下针"。

注意图解的符号说明中，所有棕色格子表示用A色线编织。看到图解的第一行开始处的4个棕色格子吗？这就是"下4A"。

所以下一条指令"下2B"的意思是"用B色织2针下针"。

在第二行，图解从左到右读，你以同样的方式开始编织图案——使用A色编织4针。但是，因为它在偶数行，意味着你要织上针。因此，第2行前4个棕色格子的意思是"上4A"——"用A色织4针上针"。

编织缩略语

以下清单介绍了英文中常见的编织缩略语及其对应的中文翻译。

cm 厘米
cn 麻花辅助针
cont 继续
dec 减针
foll 接下来，或连续
in 英寸
k 下针
k2tog 将两针并织成下针（下针左上 2 并 1）
kfb 从同一针的前后编织（加 1 针）
M1 扭加针，挑起刚织的那一针与下一针之间水平的线，加出一针下针
m 米
p 上针
patt （图解中的）图案
p2tog 将两针并织成上针（上针左上 2 并 1）
PM 放记号扣
RS 正面
rem 余下的
SSK 将接下来的 2 针依次移到右棒针上，将左棒针从后往前同时送入此 2 针并织成一针下针（下针右上 2 并 1）
st (s) 针（针数）
St st 平针
sl 将针目从一根棒针移到另一根棒针上
tbl 穿过后针圈（扭着织）
W&T 绕线翻面（用于引返编织）
正面：保持线在后方，以上针方向将下一针移到右棒针上。将线绕到前方，再将右棒针上的针圈移回左棒针。将线绕到后方，然后翻面，从反面行编织下一次引返
反面：保持线在前方，以上针方向将下一针移到右棒针上。将线绕到后方，再将右棒针上的针圈移回左棒针。将线绕到前方，然后翻面，从正面行编织下一次引返
WS 反面
YO 挂线（空针），有时也被称为“YF”
YF 挂线（空针），有时也被称为“YO”
yd 码
–(-:-:-) 提示不同的尺寸，分别表示从最小码至最大码
– 表示此尺寸不适用

毛线粗细标准

以下表格为本书中所用毛线的粗细标准。

中国	英国（UK）	美国（US）	澳大利亚
蕾丝线	2–ply	laceweight	–
超细线	3–ply	sock	3–ply
细线	4–ply	fingering	5–ply
粗线	DK	light worsted	8–ply
中粗线	aran	worsted	10–ply
极粗线	chunky	bulky	12–ply

作品整理

断线并藏好线头

在使用多种颜色线的情况下，我建议你在换线过程中藏线头，这样就不会等到最后，面临大量的线头需要去藏缝。在结束每一团线时，一定要留一个长线尾，这样会使藏缝的工作更容易（参见第26页的“如何接新线”）。

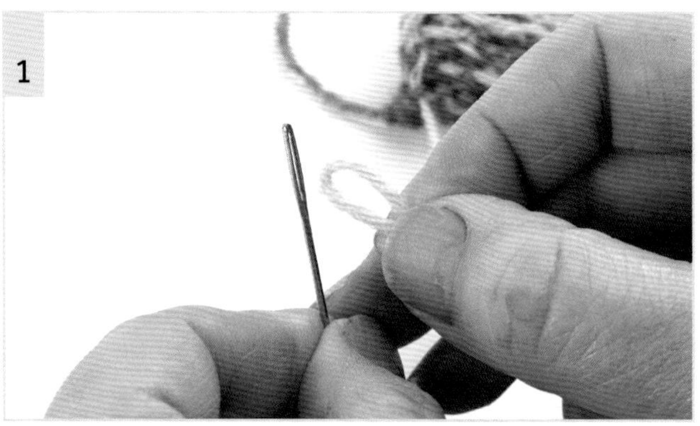

预留一个长约10厘米线尾，断线。将线尾穿进缝针。

在作品的反面，从下往上穿缝针，穿进若干针圈。

将缝针从相反的方向，从上往下穿进另一组针圈。

重复步骤2和3，直到线被牢牢固定住。完成后，修剪线尾，保留约3毫米的线尾，以适应毛线的弹力。

缝合作品——挑针缝合

我总是使用挑针缝合的方法来缝合作品，因为我发现这个方法可以形成平整且没有痕迹的边缘。

提示

尽可能贴近每一个织片的边缘来缝合，以免产生粗厚的缝份。

将平整的织片彼此靠近摆好，正面朝上，底边朝向自己。在缝针上穿上匹配的线，线的长度为你即将缝合部分长度的3倍。然后，从其中一个织片的底边挑起针目和针目之间的头两根“水平的线”，将缝针从作品的反面入针穿到正面（我喜欢从右侧的织片开始，从起针行的正上方将缝针穿到正面来）。

然后，将缝针从另一个织片的底边，穿进针目和针目之间的头两根“水平的线”。

回到第一块织片。这次，仔细看看你即将缝合的边缘，轻轻地将它们拉开一点。看到线之间的“水平的线”是如何形成正面的下针了吗？你要把缝针拉到这些位置下方，然后把它拉到另一片织片的“横条”下面，以使两个织片拼合在一起，形成第一个接缝。继续按此方法将两个织片缝在一起，沿着两条边缘前后交替地向上缝。你会看到你穿在缝针的线沿着两条边缘变成一个梯子状的接缝。

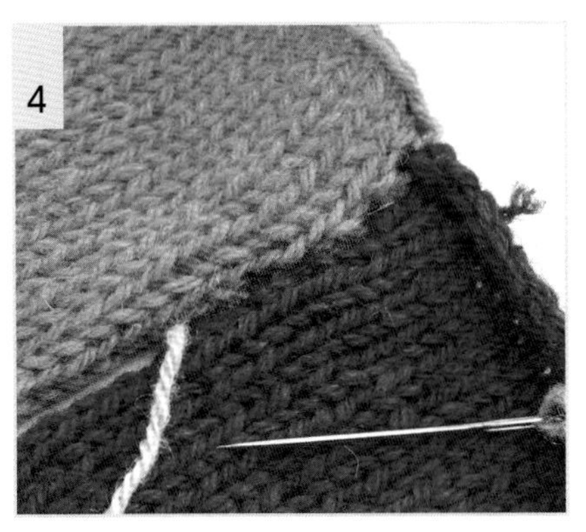

从作品的两条边分别挑起一根“横条”，自然地将边缘接缝在一起，使你的两个织片看起来像一片。继续缝合到顶部，然后断线，并将剩下的线头藏好。

提示

有时候，隔一根横条缝一次，会比每根横条都缝的效果还要好，这取决于织片的密度或厚度。

提示

如果接缝处没有自然地连接到一起，小心地把缝线抽紧——不要过紧，因为接缝处需要相对的弹性。

从反面看挑针缝合的部分。

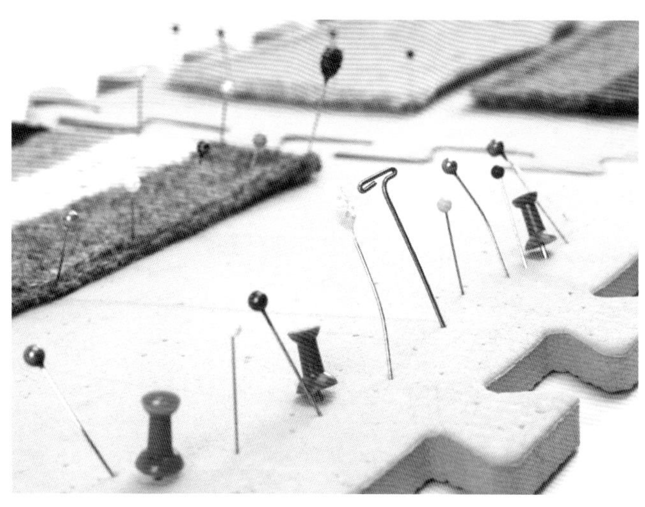

定型和熨烫

对你的作品进行定型和熨烫非常重要，会使针目平整，毛线松弛，并确保织片与教程中所提示的尺寸匹配（虽然值得注意的是，从一开始就应该让你的密度保持正确）。定型也会使织片更容易接合和缝合。

织片的定型方法各不相同。对于天然纤维，我总是采用湿定型或蒸汽熨烫的方法，但对于合成纤维，轻轻地喷水被认为是最好的选择。为使织片定型到位，定型时需要每隔2.5厘米钉入一根大头针固定。

未定型的织片

定型后的织片

你需要

- 卷尺
- 定型板或定型垫：我喜欢使用可拼接式泡沫垫
- 人头针：你可以购买特别专业的定型针，但是任何大头针都可以胜任！我喜欢用旧的用于缝制衣服的大头针
- 其他（取决于不同的方法）：
  - 湿定型：一条毛巾和一碗微温的水
  - 喷水定型：装满冷水的喷瓶
  - 蒸汽熨烫：蒸汽熨斗或蒸汽蒸笼

定型的提示

- 使用定型垫的直边来帮助你排列织片，并确保织片的边缘平整又笔直。
- 一次只固定并钉住作品的一条边缘，这将使扎针的过程更快，因为你不必不断调整织片。
- 用手指尽可能地抚平所有的接缝和皱折处。

湿定型

这是我最偏爱的定型方法——只需要一定的耐心，然后等待自然风干即可！

将你的作品浸泡在微温的水中，直到它们湿透。把每一块织片取出并轻轻挤出多余的水分。把每一块织片用毛巾卷起来，以吸收大部分水分。

把每一块织片都平铺在定型板上，然后把它塑成你想要的成品尺寸——你也可以用卷尺来帮忙。用大头针把这块织片固定好。

把织片放置至完全干透。轻轻地取下大头针，小心不要勾到任何一根线。

喷水定型

1 在你的织物还是干燥的情况下，把它钉在定型垫上。用一个干净的喷瓶装满冷水。在整件编织作品上喷水，直到织片变得非常潮湿——摸一下下面，确保水已经渗透进去了。

2 让它自然风干。当它完全干燥后，轻轻地取下定型针，小心不要勾到任何一根线。

蒸汽定型

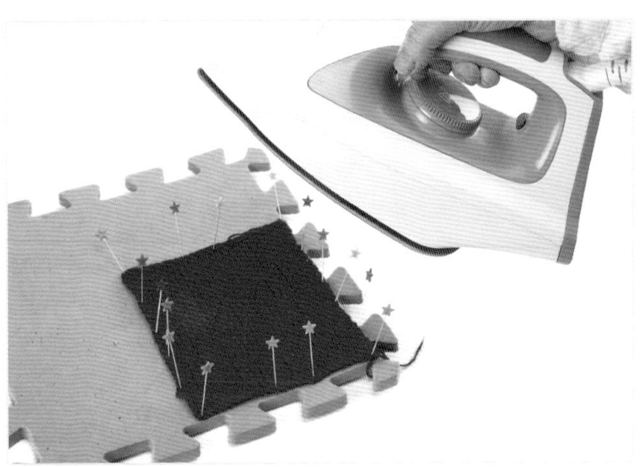

1 在你的织物还是干燥的情况下，把它钉在定型垫上。保持蒸笼或蒸汽熨斗离织物大于2.5厘米，在表面慢慢移动熨斗，不要让它接触到毛线，不要按压。

2 熨烫完毕后，不要动它，直到它完全晾干。当它完全干燥和凉爽时，轻轻地取下定型针，小心不要勾到任何一根线。

装饰

用流苏、串珠、绒球或纽扣来装饰你的作品，可为你的成品增添一种独特的感觉，而且有时会很实用。

你需要

- 一些串珠
- 缝针——确保它能顺利穿进串珠的洞眼
- 线剪
- 符合设计的分股线或刺绣线

添加串珠

串珠可以为针织物增添乐趣和魅力。添加串珠的方法各种各样，跟缝纽扣一样，我更喜欢用缝针来为我的作品加入串珠，因为我发现这个方法更简单，而且完成后我可以断线顺便利用缝针来藏线头！

提示

将线分股的过程很简单：只需要将线的其中一股分出，轻轻地拉，另一只手牢牢地握住另外一（几）股线。有些线分股的效果会比较好，便宜的、非毛纺的线可能会被拉断，所以应该提前做分股的测试。

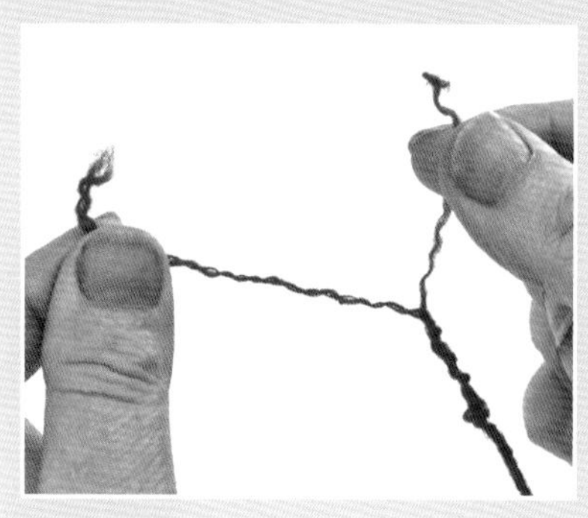

1 将分股线或刺绣线穿过缝针，先打一个结或穿缝几针，将它固定在衣物或饰物的内侧，然后将线穿过串珠的洞眼。

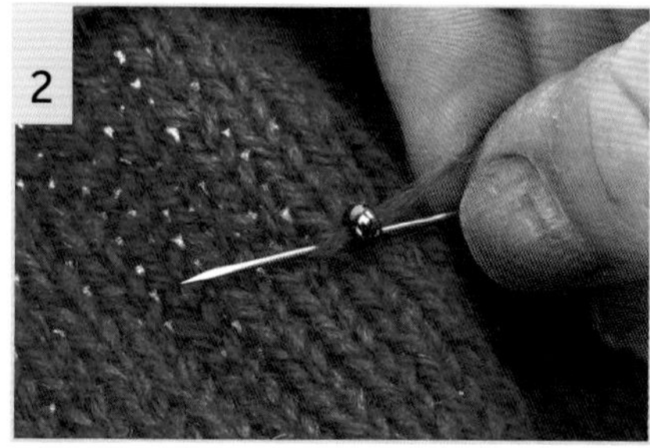

2 将缝针从织片的正面穿向反面，穿过串珠的左边外侧面，然后向上穿到串珠的右边外侧面，把它固定在合适的位置。为了固定串珠的另一边，将缝针穿过串珠的中间，再从织片的正面穿向反面。

3 将缝针向上穿过织片，到达你所需要的下一颗串珠所在的位置。将另一颗串珠穿在针上，重复步骤2，按你所希望的串珠数量来添加。

4 当你缝完所有的串珠后，将缝针穿进这件作品的背面。把它穿过最后一颗串珠的缝线，断线之前在两边穿缝几针。

添加纽扣

纽扣通常用来固定衣服或枕头，但也可以用作装饰品，农场儿童连衣裙就是一个例子（见第92–101页）。当你在衣服上使用纽扣时，一定要在缝纽扣之前标出你想把纽扣放在哪里。使用跟作品相同的线来缝纽扣可确保一致性，但是请注意，如果它相对于你的缝针来说太粗了，那么可能需要先将它分股（参见第42页），否则请使用刺绣线。有很多类型的纽扣可供选择，多花些钱去寻找完美的纽扣可以提升你的针织品的格调，所以是值得的。

提示

使用大头针提前标记好纽扣的缝合位置，以确保此处与扣眼或扣襻对齐。

你需要

- 一枚纽扣（或更多，取决于你的打算）
- 缝针——请确保它能穿过纽扣上的洞眼
- 线剪
- 符合设计的分股线或刺绣线

1

将分股线或刺绣线穿过缝针。先打一个结或穿缝几针，将它固定在衣物或饰物的内侧。把纽扣放在你的针织物品的正面，将缝针穿过纽扣上的一个洞眼开始缝合。

2

把纽扣缝在相应的位置上。如果它是一枚双孔纽扣，简单地上下穿缝洞眼几次（通常是每个洞缝三到四针）。如果是四孔的纽扣，那么确保你缝所有的纽扣的针脚是一致的，或是用两条对角线创造一个十字，或者用两条平行线，正如我的示范。

3

一旦你已经结实地固定好了纽扣，将穿了线的缝针从纽扣的下方往上穿。

4

在纽扣背面沿着缝线把线再绕几圈，以固定纽扣。这确保了纽扣被保持在适当的位置。在最后一次绕线时留一个小圈。

5

用穿了线的针穿过这个小圈，然后拉一下打个结。小心剪掉多余的线尾。如有必要，对其余的纽扣重复步骤1–5。

如何制作扣眼或扣襻

编织教程通常会告诉你如何制作扣眼（标准的做法为“下针左上2并1，空1针，下针右上2并1”）。

扣襻的制作方法是将缝线或刺绣线穿进缝针，在扣襻起点处打个结，把它固定在针织衣物的反面。将缝线或刺绣线往上穿到织物的上方，形成一条比纽扣略大的环，然后把它缝到织片的边缘，在你想让扣襻结束的地方。根据你的线或刺绣线的粗细，重复这个步骤几次。然后，保持缝针上依然穿着线，沿着这些线绣出扣襻，将缝针放在线的下方，在抽紧前将线的末端穿过线环。最后系紧结束。

绒球

你可以自己做一个绒球制作器，也可以从商店购买一个。我会告诉你如何使用这两种工具。根据衣服或配饰的不同，你可以把你的绒球做成小尺寸，以获得微妙的乐趣；或者把绒球做成特大号，以获得更大胆、更古怪的外观！把不同颜色的线绕在你的制作器上，给你的绒球增加纹理和趣味。

纸板绒球制作器

提示

你可以不用硬币徒手画内孔，但值得注意的是，内孔的大小决定了绒球的厚度。如果孔太大，就会使绒球难以系住。

你需要

- 两张硬纸板
- 卷尺/尺子和圆规或平底玻璃杯
- 小硬币
- 纸剪刀
- 布剪（或线剪）
- 缝针
- 符合设计风格的毛线

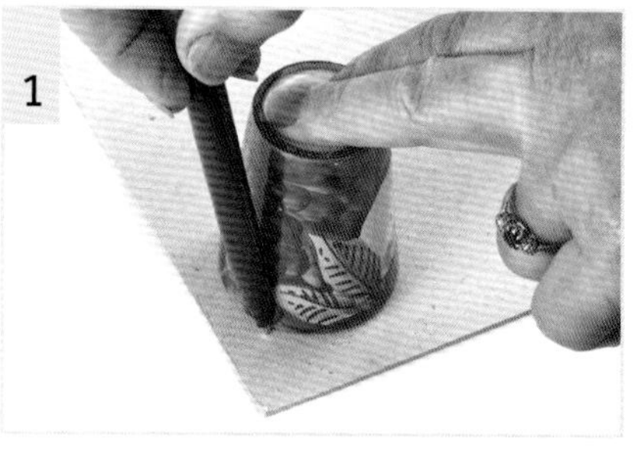

1 在一张卡纸上，用尺子画出圆的直径，并标记中心点。用这条线和圆规画一个圆。或者，沿着一个尺寸合适的平底杯画一个圆。在另一张卡片上重复这个步骤。

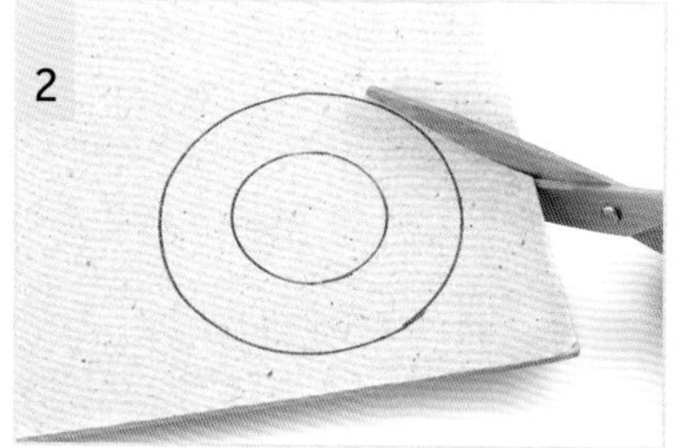

2 在卡片中间画一个小点的圆（我用的是一枚小硬币）。沿大圆和中间的圆剪开形成一个环。把一个环放在另一个环上面，就会形成基本的绒球制作器。

3 将线对折，从下方穿过绒球器的小孔。把线的末端穿过线圈固定。这让你可以使用双股线来绕卡纸，也会绕得更快！

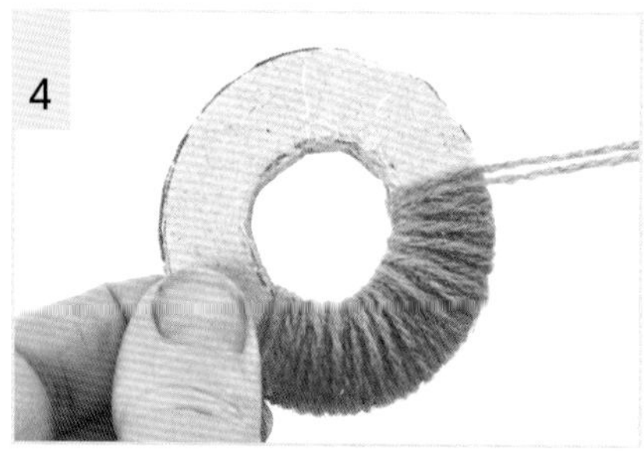

4 开始将线均匀地绕在卡纸上，直到中间没有剩余的空间。之前的双股线可以使这个过程更快！当中间的孔太小，无法用手指将线绕进去时，就把线穿到缝针上，完成这个过程。

5 沿着卡纸的边缘，在两片卡纸中间小心地剪断线。

6 在两个环形卡纸中间系上线，留下一条长线尾供以后缝合用。用剪刀剪开卡片，然后小心地取出绒球。给它“理发”，修剪它使它圆得均匀。

市售的绒球制作器

市场上有很多这样的产品，使用哪一种取决于你的偏好。我喜欢用Prym公司出品的一个非常简单的版本：它由四条“拱”组成，成对地合在一起，然后将毛线缠绕在每一对的拱上。

我是这样使用我的绒球制作器的，请你在开始之前看一看你自己的绒球制作器的说明。然而，所有市售的制作器原理本质上都是一样的：毛线缠绕在绒球制作器的每条拱上，然后把拱合在一起，形成一个环。然后，绒球的两面被一段线绑在一起，绕着开口处打结。

我的绒球制作器

你需要

- 绒球制作器
- 布剪（或线剪）
- 符合设计风格的毛线

预留一段小线尾，开始将线绕在你的制作器的一对“拱”上，直到达到你想要的厚度（我喜欢绕得较厚一些，但确保“拱”的凹痕隐约可见）。在制作器的另一半上重复这个动作。

把两半绕满线的拱合在一起。小心地从绕线部分的中间剪开。

在绒球的中间系上一段线，把多余的部分剪掉，不过要注意留一条长尾巴，以便以后缝合时使用。

小心地打开绒球制作器，取出绒球。给它“理发”，修剪它使它圆得均匀。

毡化绒球

你可以把绒球毡化！毡化的绒球可为你的设计增加一些可爱的、微妙的点缀。你需要使用制毡羊毛，或使用不能机洗的100%纯毛，设得兰毛线是一种理想的线，因为它是由纯羊毛制成的，而且有黏性。做一个比所需的成品尺寸大三倍的绒球。把绒球放在一个纱布袋子里（比如用来洗内衣的袋子）。把袋子放在洗衣机里（如果你喜欢，你可以把它加到你的正常洗涤量中）。温度设置在40-60摄氏度。洗完后把绒球从袋子里拿出来，让它自然风干。

流苏

流苏不仅容易制作，还可以给各种编织作品增加趣味。大流苏可以使枕头的角和毯子的边缘更显眼；用细线做成的小流苏可以缝在裙子的底部，或者缝在镶边衣领的边缘，为一件衣服增添一种当代的、美丽的表达。

你需要

- 裁好的卡纸，或一本书，尺寸与所需流苏长度相当
- 布剪（或线剪）
- 符合设计风格的毛线

把线绕在裁好的卡纸或书上。线绕在卡片或书本上的次数将决定流苏的粗细。

当你对流苏的粗细满意时，从线的一端剪开，然后小心地从你的卡片或书上将线取下——你可以捏住未剪断的一端，以防止流苏散开。

用另一段线来给流苏系线，位置在流苏折叠一端往下几厘米处。用同一段线剩余的长度来覆盖和包裹这个结。这个步骤想做多少次都可以。

完成包裹后，在流苏的“背面”打最后一个结。剪掉流苏边上任何多余的线。

把流苏的末端修剪整齐。

完成的流苏。为什么不试试用零零碎碎的线来做一个色彩斑斓的杂色流苏呢?

固定绒球和流苏

你需要

- 绒球或流苏
- 布剪（或线剪）
- 缝针
- 符合设计风格的毛线

固定流苏

1 将一段线穿过缝针，然后穿过流苏的环。将剩下的一端穿过缝针的针眼，使线变成双股。

2 把缝针放在针目和针目之间的“横线”下方，将缝针拉出，确保双股线都穿过织物。根据你使用的线的类型和作品，你可能需要将缝针再穿一次，以确保流苏被固定住。

3 拉线，使流苏靠近织物。把缝针穿过流苏的环。拉线，打一个结，然后剪掉多余的部分。

固定绒球

1 将绒球上的线尾穿过缝针。把它穿入针目和针目之间的“横线”下方，把它穿过织物。

2 拉出针，使绒球紧贴织物。把针从绒球的底部穿过绒球的中心，再穿到织物的底部，然后将缝针穿回绒球的中心，穿回到织物的反面，将其固定。

3 在织物的反面缝几针来固定绒球。打个结，然后修剪线头，使其整齐。

费尔岛边饰图案

费尔岛边饰图案是水平的带状图案，经常用于袖口或针织物的边缘，或作为一个简单的带图案的条状装饰用在平针编织的作品上。

在一件作品里使用许多不同颜色，听起来会使边饰图案显得非常复杂，但往往并非如此：因为图案是重复的，一旦完成了第一行，设定好每一次的重复的位置，接下来就很简单了，只需要仔细地观察图解或文字说明，跟踪图案的变化即可。

边饰图案的设计本身，既有仅使用很少颜色的简单的重复式设计，也有结合了多种图形和色彩的复杂图案。边饰图案可以单独使用或与另一种边饰图案相结合，形成更复杂的整体设计（如第82–85页的提花袜子）。

所有的样片都是用 Jamieson's of Shetland Spindrift和3.25毫米棒针编织的。

注意：作品中除了格子图解，还包含了与图解对应的文字说明。但文字说明可能过于累赘，阅读图解会更轻松。

OXO

这是最著名的费尔岛图案，可以很容易地作为满地图案用在毛衣、围巾的设计中，也可以作为一个边饰图案放在作品的边缘。图案为16针14行一重复，样片中16针的图案横向重复了两次。

图解

- A线（汽油 Petrol）
- B线（海军上将 Admiral Navy）
- C线（金丝雀黄 Canary）
- D线（深红色 Cardinal）

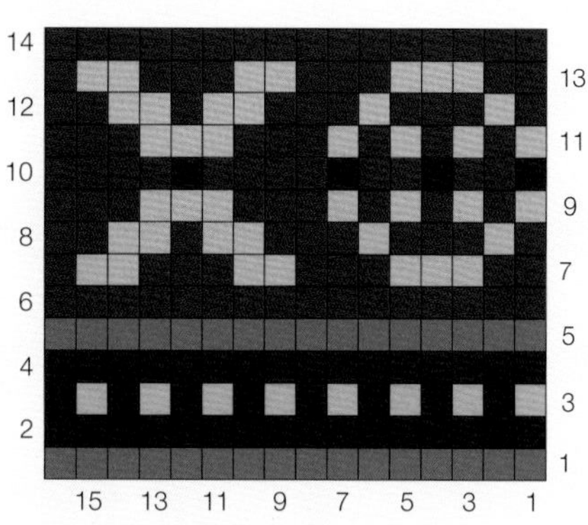

行1：使用A线，全部编织下针。
行2：使用B线，全部编织上针。
行3： * 下1C，下1B，从*开始重复至最后。
行4：使用B线，全部编织上针。
行5：使用A线，全部编织下针。
行6：使用D线，全部编织上针。
行7：下2D，下3C，下3D，下2C，下3D，下2C，下1D。
行8：上2D，上2C，上1D，上2C，上3D，上1C，上3D，上1C，上1D。
行9：下1C，下1D，下1C，下1D，下1C，下1D，下1C，下3D，下3C，下3D。
行10：上4D，上1B，上4D，上1B，上2D，上1B，上2D，上1B。
行11：如行9。
行12：如行8。
行13：如行7。
行14：使用D线，全部编织上针。

配色变化

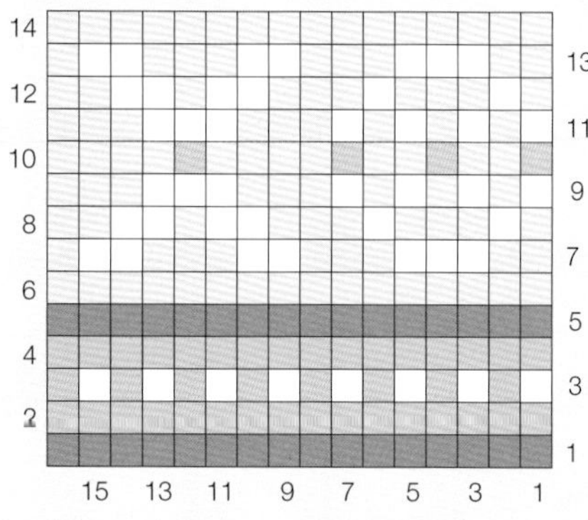

波浪

这是一个非常简单的边饰图案，如果你是一个费尔岛编织新手，这是一个好选择。当它用于分割一个更大的满地图案的不同部分时，它看起来很棒。这个图案为16针一重复。

图解

● A 线（桦木 Birch）

○ B 线（米白色 Mooskit）

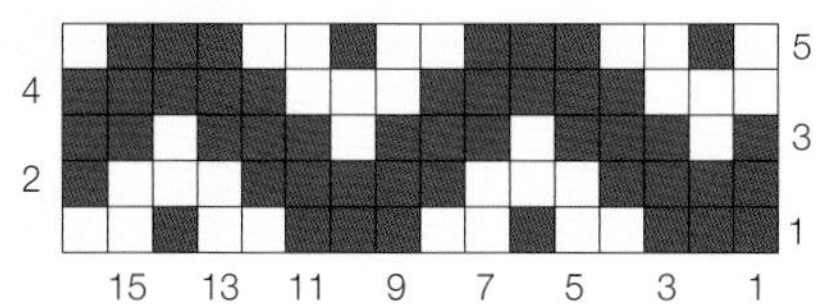

行1： 下3A，下2B，下1A，下2B，下3A，下2B，下1A，下2B。

行2： 上1A，上3B，上5A，上3B，上4A。

行3： 下1A，下1B，下3A，下1B，下3A，下1B，下3A，下1B，下2A。

行4： 上5A，上3B，上5A，上3B。

行5： 下1B，下1A，下2B，下3A，下2B，下1A，下2B，下3A，下1B。

配色变化

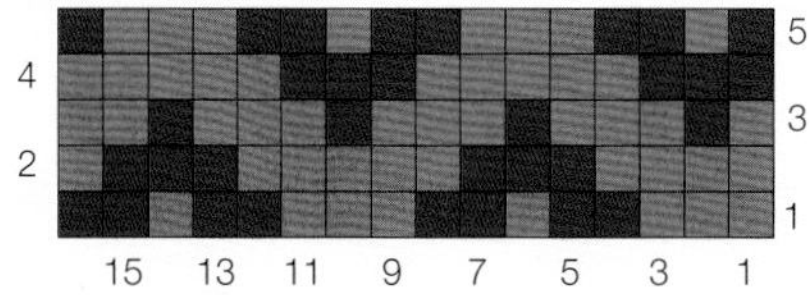

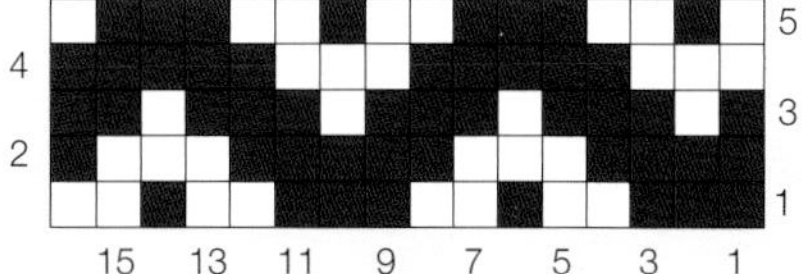

心形

心形是一个永远受欢迎的花样，用它来做边饰图案是一个很棒的选择，可用在成人和儿童的针织品上。当图案在一行重复时，在每颗心之间各留2针的空间。这个图案为9针一重复。

图解

▢ A线（天然白色 Natural White）
● B线（猩红色 Scarlet）

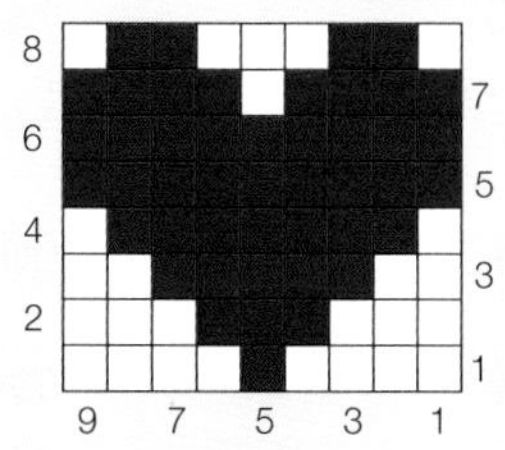

行1： 下4A，下1B，下4A。
行2： 上3A，上3B，上3A。
行3： 下2A，下5B，下2A。
行4： 上1A，上7B，上1A。
行5： 使用B线，全部编织下针。
行6： 使用B线，全部编织上针。
行7： 下4B，下1A，下4B。
行8： 上1A，上2B，上3A，上2B，上1A。

配色变化

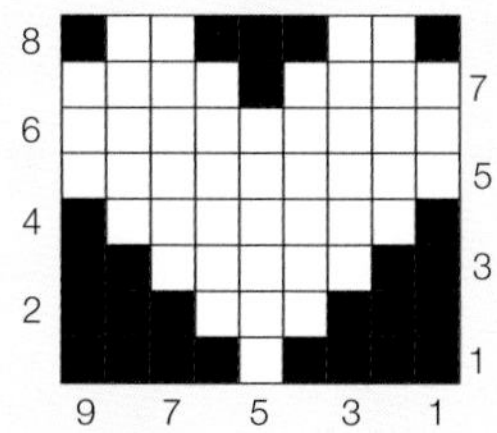

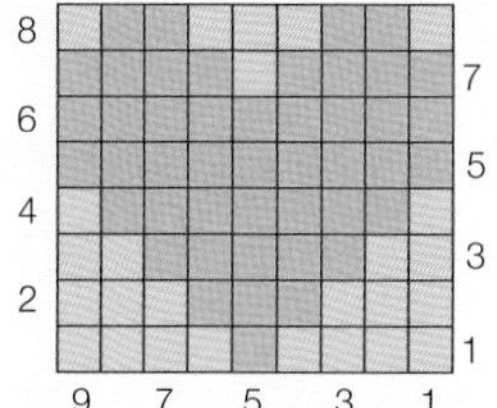

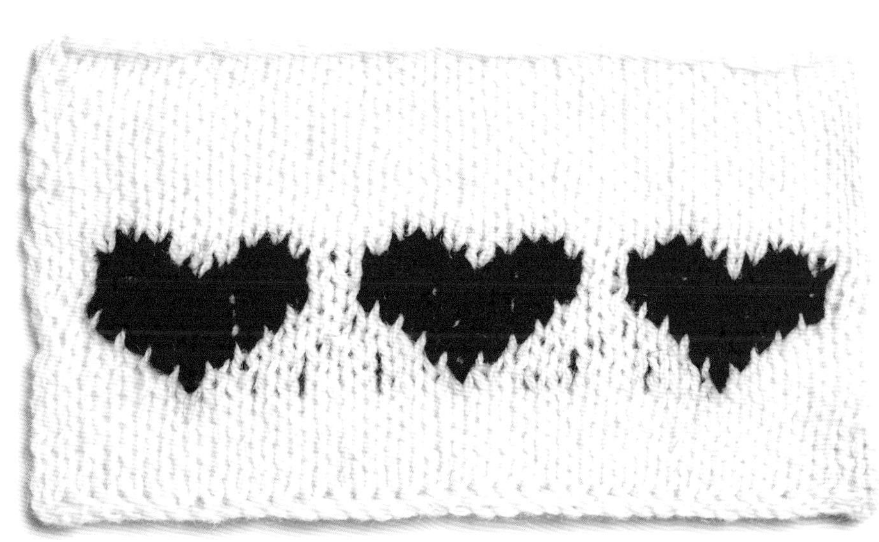

跳舞的女士

这个设计来自一个传统的斯堪的纳维亚民间图案。把它用作毛衣、帽子或儿童连衣裙的边饰图案会很有趣。这个图案为23针一重复。

图解

● A线（欧洲黑莓 Bramble）
○ B线（鹅卵石 Pebble）

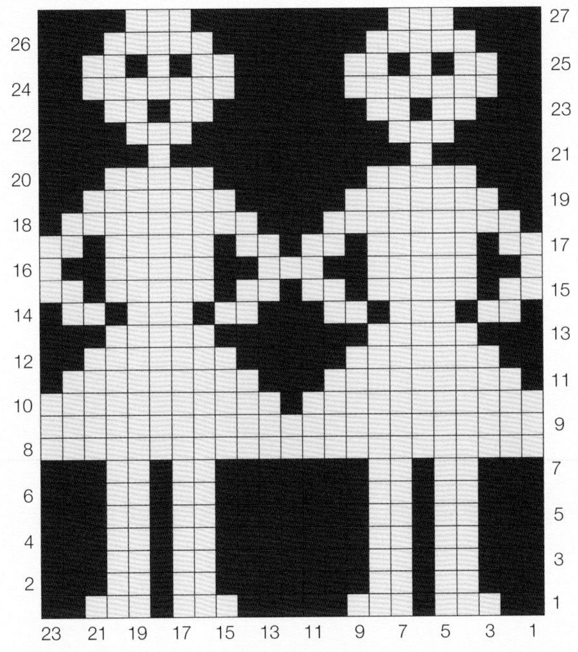

行1： 下2A，下3B，下1A，下3B，下5A，下3B，下1A，下3B，下2A。
行2： 上3A，上2B，上1A，上2B，上7A，上2A，上1A，上2A，上3A。
行3： 下3A，下2B，下1A，下2B，下7A，下2B，下1A，下2B，下3A。
行4及行6： 如行2。
行5及行7： 如行3。
行8： 使用B线，全部编织上针。
行9： 使用B线，全部编织下针。
行10： 上11B，上1A，上11B。
行11： 下1A，下9B，下3A，下9B，下1A。
行12： 上2A，上7B，上5A，上7B，上2A。
行13： 下3A，下5B，下7A，下5B，下3A。
行14： 上1A，上2B，上1A，上3B，上1A，上2B，上3A，上2B，上1A，上3B，上1A，上2B，上1A。
行15： 下2B，下1A，下5B，下1A，下2B，下1A，下2B，下1A，下5B，下1A，下2B。
行16： 上1B，上2A，上5B，上2A，上3B，上2A，上5B，上2A，上1B。
行17： 如行15。
行18： 上1A，上9B，上3A，上9B，上1A。
行19： 下2A，下7B，下5A，下7B，下2A。
行20： 上3A，上5B，上7A，上5B，上3A。
行21： 下5A，下1B，下11A，下1B，下5A。
行22： p 4A，上3B，上9A，上3B，上4A。
行23： 下3A，下2B，下1A，下2B，下7A，下2B，下1A，下2B，下3A。
行24： 上2A，上7B，上5A，上7B，上2A。
行25： 下2A，下2B，下1A，下1B，下1A，下2B，下5A，下2B，下1A，下1B，下1A，下2B，下2A。
行26： 上3A，上5B，上7A，上5B，上3A。
行27： 下4A，下3B，下9A，下3B，下4B。

蕾丝

这是一个非常漂亮的边饰图案，我有预感它可以为针织作品增加精致的风情。这个图案为14针一重复。

图解

A 线（澳洲青苹果 Granny Smith）

B 线（樱桃 Cherry）

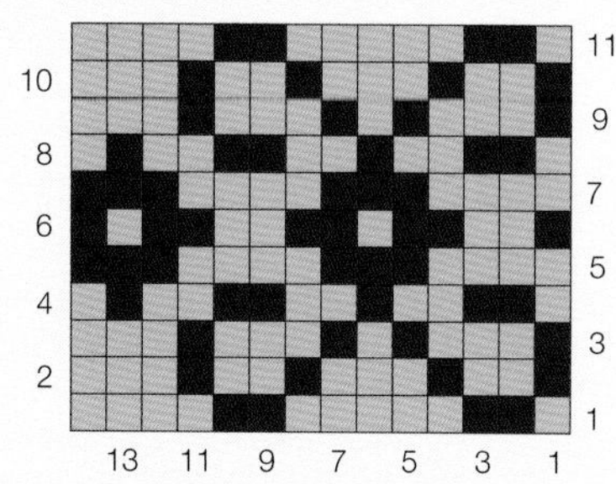

行1： 下1A，下2B，下5A，下2B，下4A。

行2： 上3A，上1B，上2A，上1B，上3A，上1B，上2A，上1B。

行3： 下1B，下3A，下1B，下1A，下1B，下3A，下1B，下3A。

行4： 上1A，上1B，上2A，上2B，上2A，上1B，上2A，上2B，上1A。

行5： 下4A，下3B，下4A，下3B。

行6： 上1B，上1A，上2B，上2A，上2B，上1A，上2B，上2A，上1B。

行7： 如行5。

行8： 如行4。

行9： 如行3。

行10： 如行2。

行11： 如行1。

配色变化

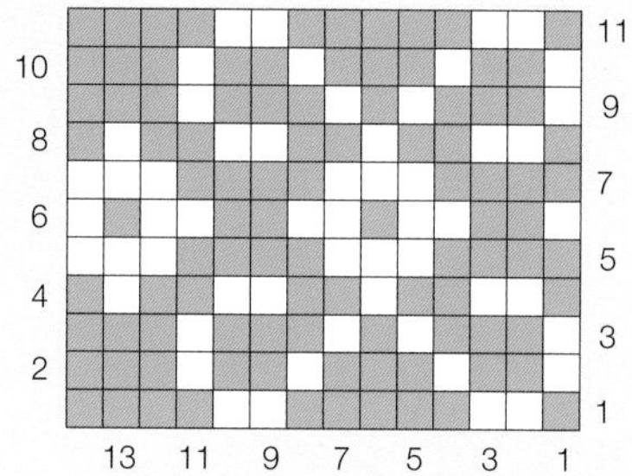

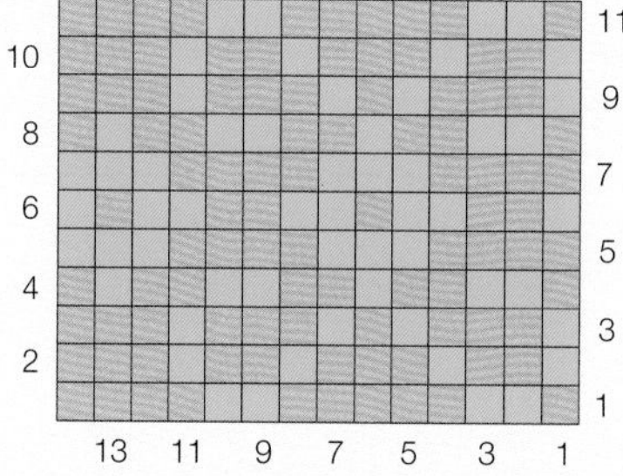

砖块

这是小型边饰图案之一，会给一件简单的针织服装增加一丝趣味。这个图案为8针一重复。

图解

A 线（咖啡 Coffee）

B 线（苔藓 Lichen）

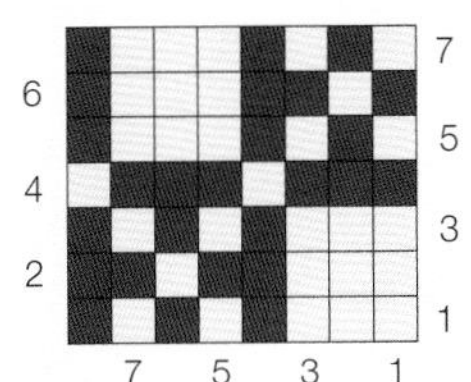

行1： 下3A，下1B，下1A，下1B，下1A，下1B。

行2： 上2B，上1A，上2B，上3A。

行3： 如行1。

行4： 上1A，上3B，上1A，上3B。

行5： 下1A，下1B，下1A，下1B，下3A，下1B。

行6： 上1B，上3A，上2B，上1A，上1B。

行7： 如行5。

配色变化

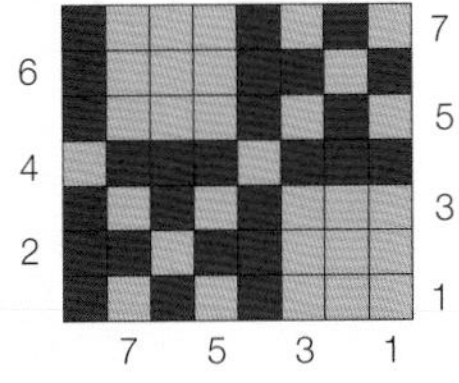

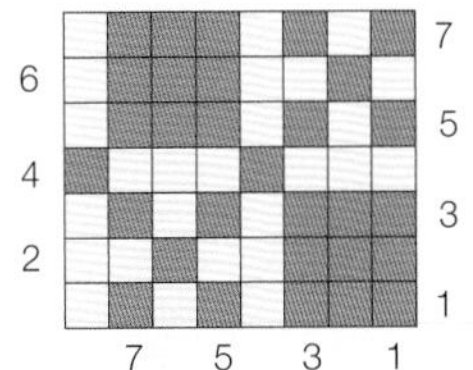

蓍草

这是一个小而简单的费尔岛提花设计，换不同的配色都很好看。如果你是费尔岛编织的新手，编织这个图案将是一个很好的开始，可培养你改变配色的信心。这个图案为6针一重复。

图解

- A 线（鹅卵石灰 Pebble Grey）
- B 线（黄水仙 Daffodil）
- C 线（澳洲青苹果 Granny Smith）
- D 线（云朵 Cloud）

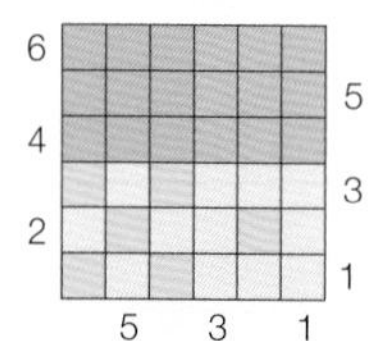

行1： 下3A，下1B，下1A，下1B。
行2： 上1A，上1B，上2A，上1B，上1A。
行3： 如行1。
行4： 上3C，上3D。
行5： 下3D，上3C。
行6： 上3C，上3D。

配色变化

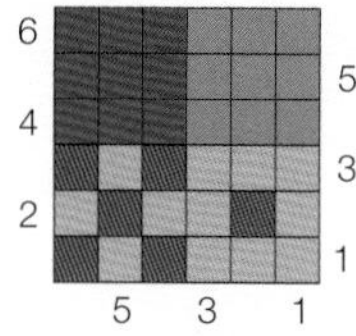

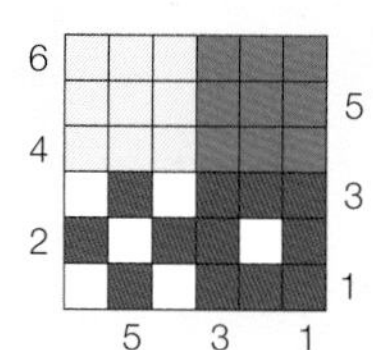

大花

这是我设计的边饰图案中较大的图案之一。我选择了传统的花卉颜色来编织样片，但这个图案同样可以用其他颜色来编织，以达到更抽象的效果。这个图案为13针一重复。

图解

- A线（叶子 Leaf）
- B线（沙子 Sand）
- C线（李子 Plum）
- D线（南瓜 Pumpkin）

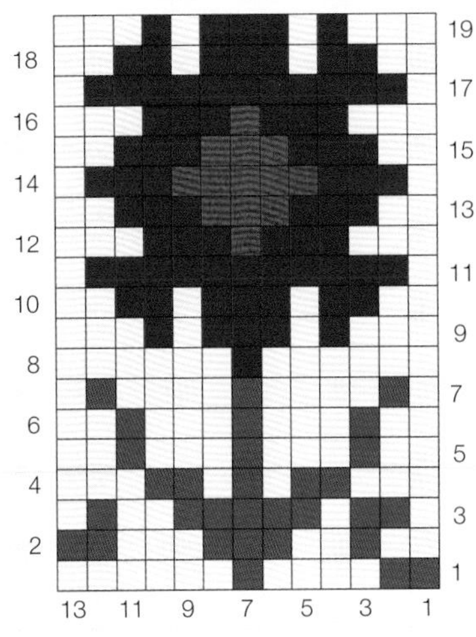

行1： 下2A，下4B，下1A，下6B。
行2： 上2A，上3B，上3A，上2B，上1A，上2B。
行3： 下1B，下2A，下1B，下5A，下2B，下1A，下1B。
行4： 上3B，上2A，上1B，上1A，上1B，上2A，上3B。
行5： 下2B，下1A，下3B，下1A，下3B，下1A，下2B。
行6： 上2B，上1A，上3B，上1A，上3B，上1A，上2B。
行7： 下1B，下1A，下4B，下1A，下4B，下1A，下1B。
行8： 上6B，上1C，上6B。
行9： 下3B，下1C，下1B，下3C，下1B，下1C，下3B。
行10： 上2B，上2C，上1B，上3C，上1B，上2C，上2B。
行11： 下1B，下11C，下1B。
行12： 上3B，上3C，上1D，上3C，上3B。
行13： 下2B，下3C，下3D，下3C，下2B。
行14： 上1B，上3C，上5D，上3C，上1B。
行15： 如行13。
行16： 如行12。
行17： 如行11。
行18： 如行10。
行19： 如行9。

渔网

我用这个边饰图案和其他图案组成了一个整体设计，用在农场儿童连衣裙上（见第92–101页），这个图案也适合用在大人的作品中。这个图案为10针一重复。

图解

- A线（鹅卵石 Pebble）
- B线（鹪鹩 Wren）

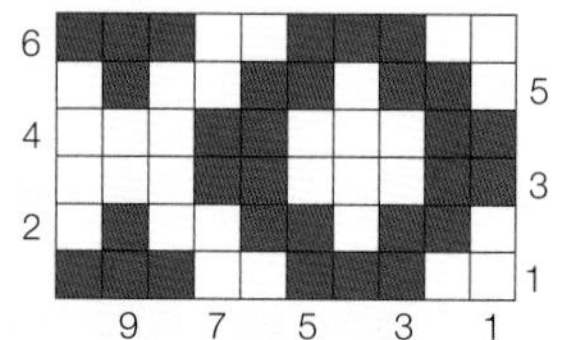

行1：下2A，下3B，下2A，下3B。
行2：上1A，上1B，上2A，上2B，上1A，上2B，上1A。
行3：下2B，下3A，下2B，下3A。
行4：上3A，上2B，上3A，上2B。
行5：下1A，下2B，下1A，下2B，下2A，下1B，下1A。
行6：上3B，上2A，上3B，上2A。

配色变化

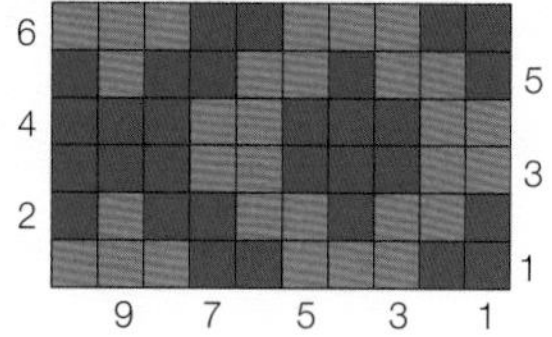

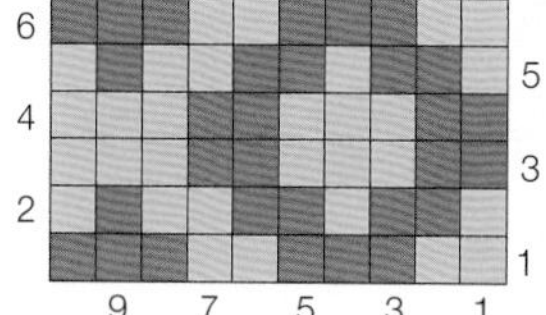

王室

正如名字所暗示的那样，这个花样给人一种优雅的感觉，让人想到中世纪的风情。这个图案为12针一重复。

图解

A线（桦木 Birch）

B线（毛茛 Buttercup）

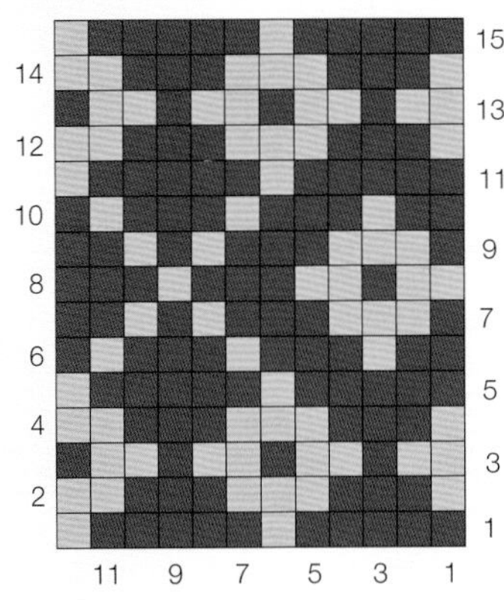

行1： 下5A，下1B，下5A，下1B。

行2： 上2B，上3A，上3B，上3A，上1B。

行3： 下2B，下1A，下2B，下1A，下2B，下1A，下2B，下1A。

行4： 如行2。

行5： 如行1。

行6： 上1A，上1B，上3A，上1B，上3A，上1B，上2A。

行7： 下1A，下3B，下3A，下1B，下1A，下1B，下2A。

行8： 上3A，上1B，上3A，上2B，上1A，上2B。

行9： 如行7。

行10： 如行6。

行11： 如行1。

行12： 如行2。

行13： 如行3。

行14： 如行2。

行15： 如行1。

配色变化

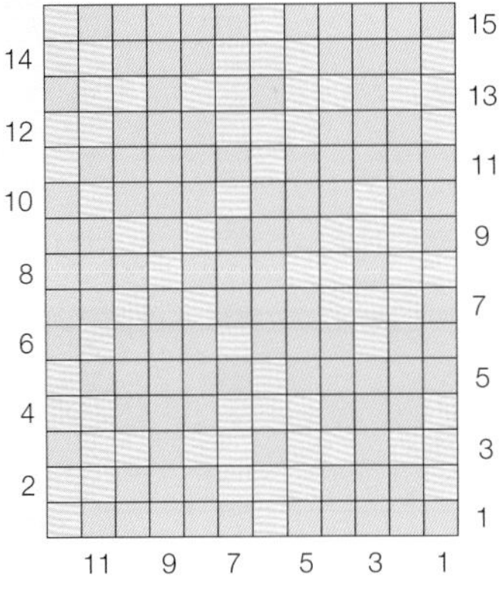

小花

这是我设计的较小的图案之一，可以作为一个可爱的、精致的边饰图案，用在连衣裙、开襟羊毛衫或毛衣上，甚至也可作为重复的图案用在抱枕套上。这个图案为12针一重复。

图解

- A线（天然白色 Natural White）
- B线（绿色精灵 Leprechaun）
- C线（三叶草 Clover）
- D线（蝴蝶兰 Orchid）

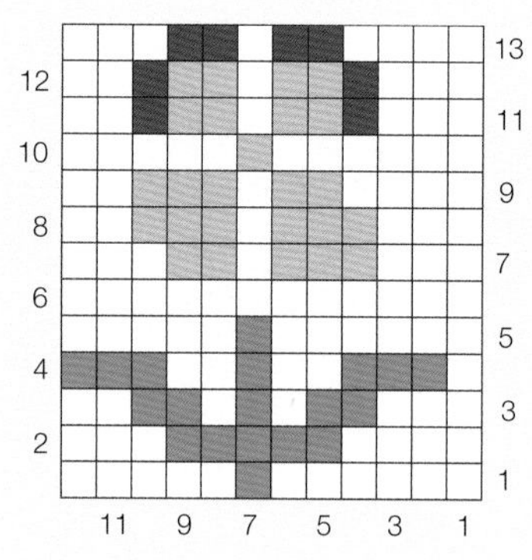

行1： 下6A，下1B，下5A。
行2： 上3A，上5B，上4A。
行3： 下3A，下2B，下1A，下1B，下1A，下2B，下2A。
行4： 上3B，上2A，上1B，上2A，上3B，上1A。
行5： 下6A，下1B，下5A。
行6： 使用A线，全部编织上针。
行7： 下3A，下3C，下1A，下2C，下3A。
行8： 上2A，上3C，上1A，上3C，上3A。
行9： 下4A，下2C，下1A，下3C，下2A。
行10： 上5A，上1C，上6A。
行11： 下3A，下1D，下2C，下1A，下2C，下1D。
行12： 上2A，上1D，上2C，上1A，上2C，上1D，上3A。
行13： 下4A，下2C，下1A，下2C，下3A。

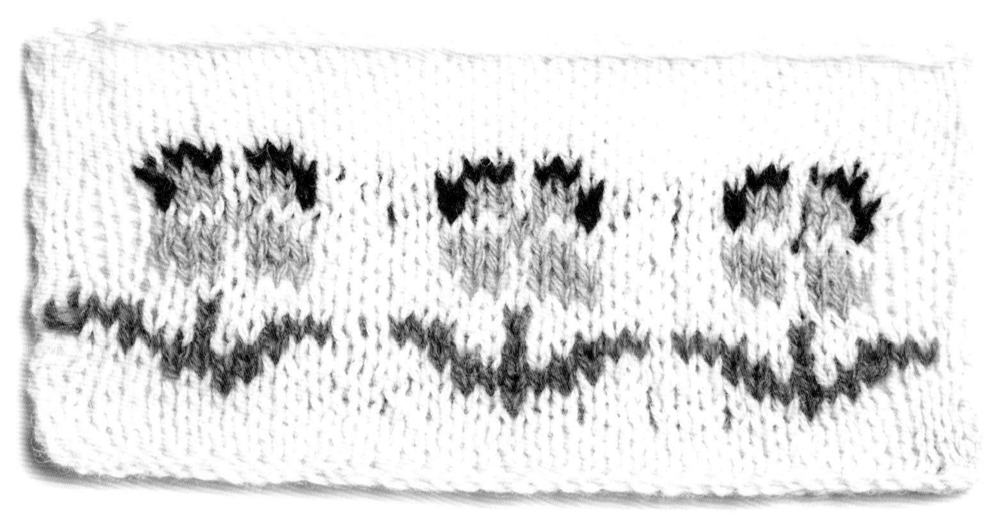

船锚

这个边饰图案以航海为主题，是对设得兰群岛文化的致敬。我决定用对比鲜明的配色来突出图案，但也可以用更柔和的色调来替代。这个图案为12针一重复。

图解

A 线（黄水仙 Daffodil）

B 线（普鲁士蓝 Prussian Blue）

行1：下1A，下1B，下1A，下1B，下1A，下3B，下1A，下3B。

行2：上2B，上3A，上3B，上3A，上1B。

行3：下2B，下1A，下3B，下5A，下1B。

行4：上1A，上2B，上1A，上2B，上1A，上2B，上1A，上2B。

行5：下1A，下1B，下1A，下1B，下2A，下2B，下1A，下2B，下1A。

行6：上3B，上1A，上5B，上1A，上2B。

行7：下2B，下1A，下3B，下5A，下1B。

行8：上3B，上1A，上4B，上3A，上1B。

行9：如行1。

配色变化

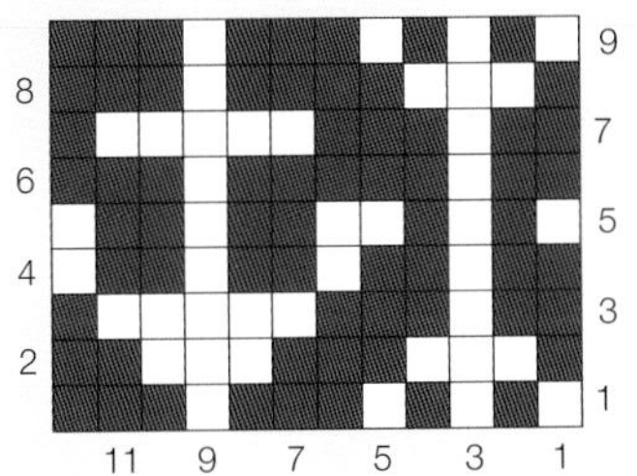

十字与钻石

这个图案被我运用在坎皮恩花育克毛衣的设计中（见第 76–81 页），除了这个图案，还在同一行里安排了其他边饰图案，以形成一个长而重复的特殊图案。由于这个原因，这个边饰图案可以作为一个很棒的重复行，用于分割较大的费尔岛提花图案。这个图案为 12 针一重复。

图解

- A 线（绿色精灵 Leprechaun）
- B 线（黄水仙 Daffodil）

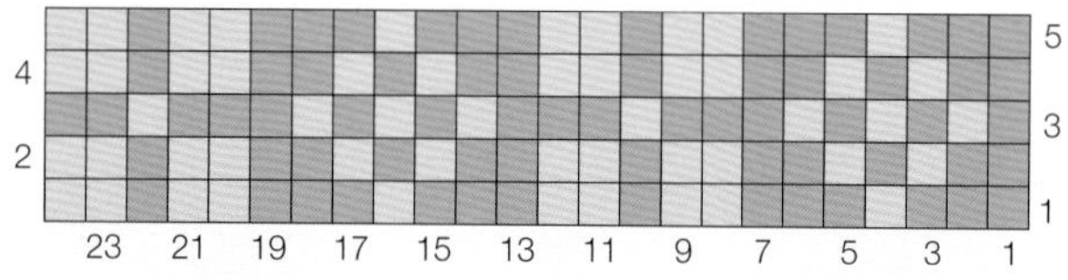

行1： 下3A，下1B，下3A，下2B，下1A，下2B，下3A，下1B，下3A，下2B，下1A，下2B。
行2： 上2B，上1A，上2B，上2A，上1B，上1A，上1B，上2A，上2B，上1A，上2B，上2A，上1B，上1A，上1B，上2A。
行3： 下1A，下1B，下1A，下1B，下1A，下1B，下3A，下1B，下3A，下1B，下1A，下1B，下1A，下1B，下3A，下1B，下2A。
行4： 如行2。
行5： 如行1。

配色变化

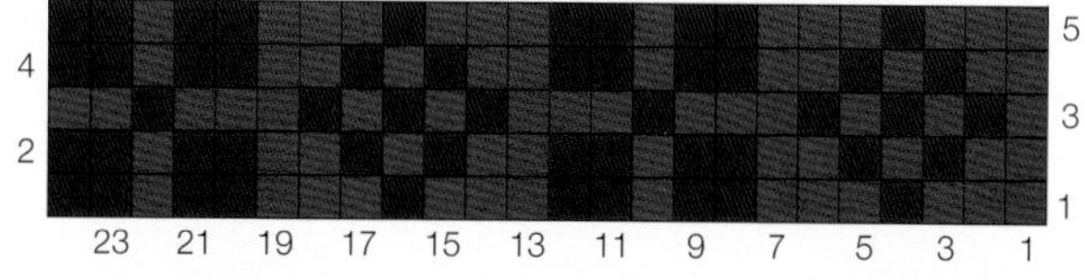

榛树

这个小巧而充满自然灵感边饰图案可以轻松地用在任何针织作品中。它有巨大的配色变化潜力，并且会完全改变你的衣服的整体外观。这个图案为10针一重复。

图解

A 线（鹅卵石 Pebble）

B 线（鹪鹩 Wren）

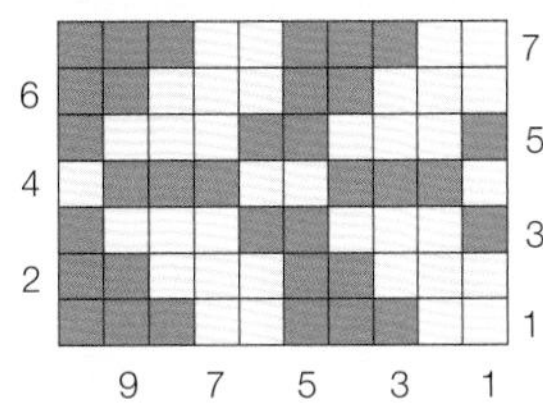

行1： 下2A，下3B，下2A，下3B。
行2： 上2A，上3B，上2A，上3B。
行3： 下1B，下3A，下2B，下3A，下1B。
行4： 上1A，上3B，上2A，上3B，上1A。
行5： 如行3。
行6： 如行2。
行7： 如行1。

配色变化

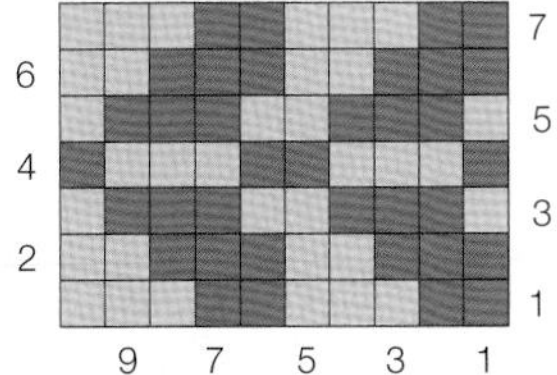

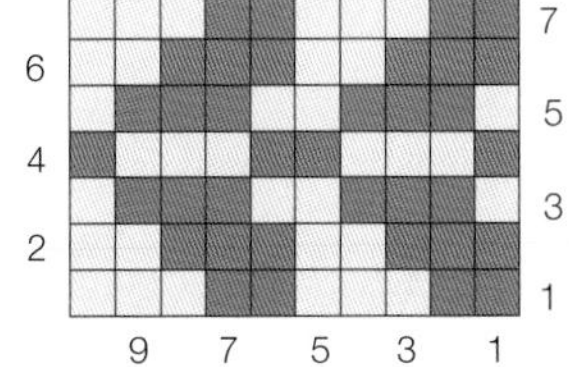

泡泡

这是一个简单的边饰图案，事实上我使用了四种颜色。如果把这个边饰图案单独使用在袖口的位置，看起来会非常惊艳，它也可以与另一个费尔岛图案组成一个装饰性的育克，可用在毛衣或开襟羊毛衫中。这个图案为8针一重复。

图解

- A 线（普鲁士蓝 Prussian Blue）
- B 线（鹅卵石 Pebble）
- C 线（环礁湖 Lagoon）
- D 线（蛋壳 Eggshell）

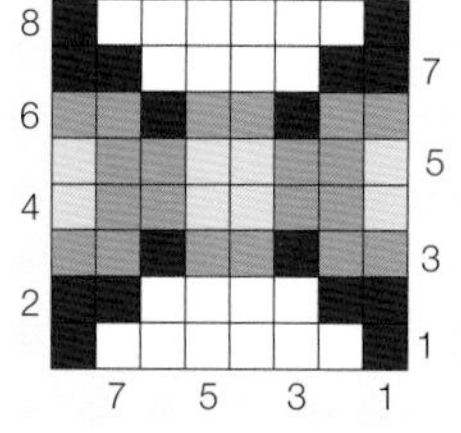

行1： 下1A，下6B，下1A。

行2： 上2A，上4B，上2A。

行3： 下2C，下1A，下2C，下1A，下2C。

行4： 上1D，上2C，上2D，上2C，上1D。

行5： 下1D，下2C，下2D，下2C，下1D。

行6： 上2C，上1A，上2C，上1A，上2C。

行7： 下2A，下4B，下2A。

行8： 上1A，上6B，上1A。

配色变化

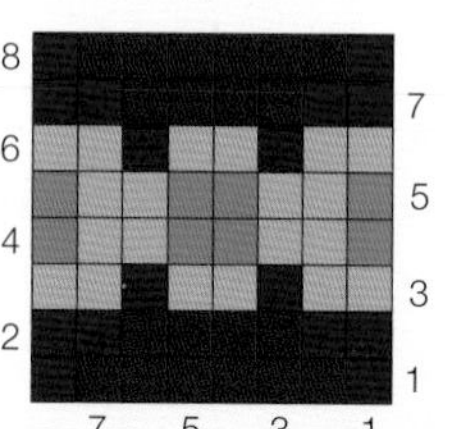

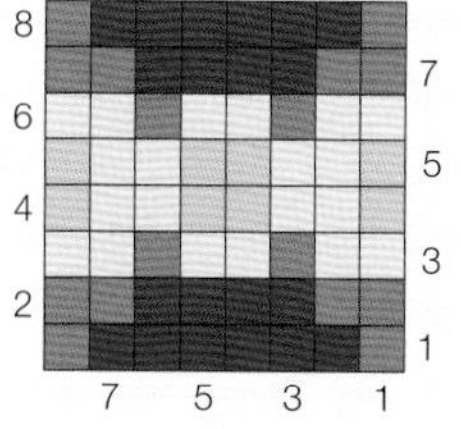

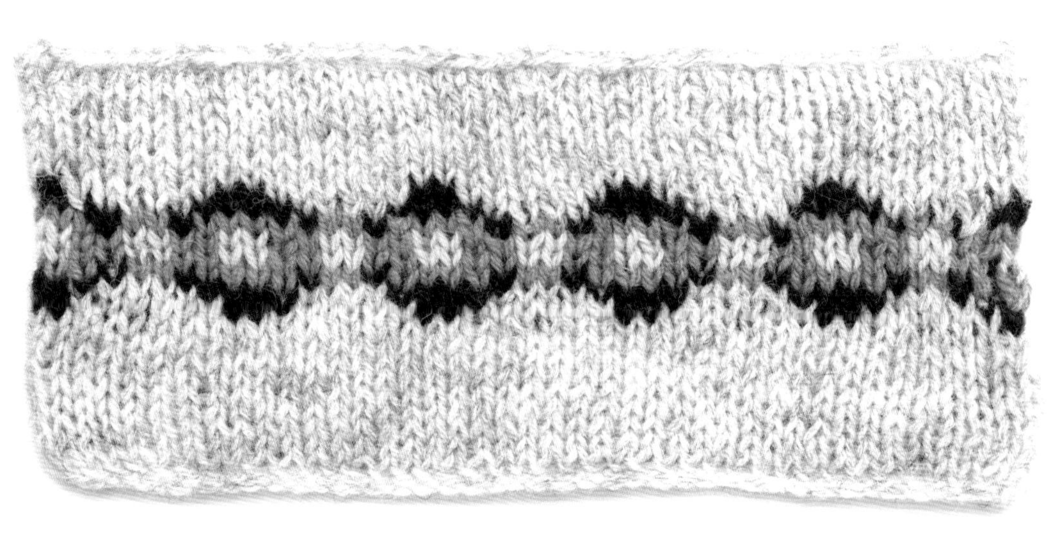

雪花

我选择了这个设计，因为我认为它作为一顶帽子或毛衣的边饰图案看起来会很棒。这个设计有一种明显的冬天的感觉，所以我用传统的红色和白色来编织它，但也可以把白色的线替换成黑色或其他引人注目的色调。这个图案为17针一重复。

图解

A 线（猩红色 Scarlet）

B 线（米白色 / 白色 Eesit/White）

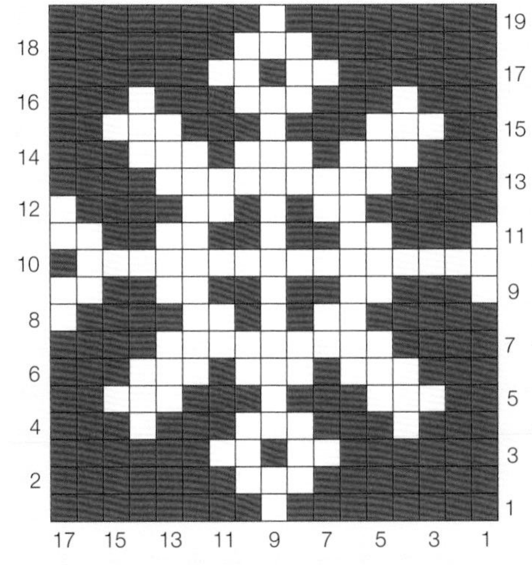

行1： 下8A，下1B，下8A。
行2： 上7A，上3B，上7A。
行3： 下6A，下2B，下1A，下2B，下6A。
行4： 上3A，上1B，上3A，上3B，上3A，上1B，上3A。
行5： 下2A，下3B，下3A，下1B，下3A，下3B，下2A。
行6： 上3A，上3B，上1A，上3B，上1A，上3B，上3A。
行7： 下4A，下9B，下4A。
行8： 上1B，上4A，上2B，上1A，上1B，上1A，上2B，上5A。
行9： 下1B，下3A，下2B，下2A，下1B，下2A，下2B，下2A，下2B。
行10： 上1A，上16B。
行11： 如行9。
行12： 如行8。
行13： 如行7。
行14： 如行6。
行15： 如行5。
行16： 如行4。
行17： 如行3。
行18： 如行2。
行19： 如行1。

友谊

这个边饰图案有一种可爱的、天真的特质。图案为21针一重复，在样片中重复了2次。

图解

A线（中棕色 / 黑色 Moorit/Black）
B线（蝴蝶兰 Orchid）

行1：下4A，下1B，下2A，下1B，下7A，下1B，下1A，下1B，下3A。
行2：上3A，上1B，上1A，上1B，上7A，上1B，上2A，上1B，上4A。
行3：如行1。
行4：如行2。
行5：下4A，下1B，下2A，下1B，下5A，下7B，下1A。
行6：上1A，上7B，上5A，上1B，上2A，上1B，上4A。
行7：下4A，下4B，下6A，下5B，下2A。
行8：上2A，上5B，上6A，上4B，上4A。
行9：下1B，下3A，下4B，下3A，下1B，下3A，下3B，下3A。
行10：上3A，上3B，上3A，上2B，上2A，上4B，上2A，上2B。
行11：下1A，下2B，下1A，下4B，下1A，下2B，下1A，下1B，下2A，下3B，下2A，下1B。
行12：上1A，上1B，上1A，上3B，上1A，上1B，上3A，上8B，上2A。
行13：下3A，下6B，下5A，下5B，下2A。
行14：上3A，上3B，上8A，上2B，上5A。
行15：下4A，下4B，下8A，下1B，下4A。
行16：上3A，上3B，上6A，上6B，上3A。
行17：下3A，下6B，下5A，下5B，下2A。
行18：上2A，上5B，上5A，上6B，上3A。
行19：如行17。
行20：上3A，上3B，上7A，上4B，上4A。
行21：下5A，下2B，下14A。

石南花

这个边饰图案用在育克或开襟外套的底边时，看起来会非常漂亮。我用了不同深浅的粉红色，你也可以尝试不同的颜色编织。这个图案为12针一重复。

图解

- A线（白色 White）
- B线（淡红色 Damask）
- C线（犬蔷薇 Dog Rose）
- D线（深红色 Cardinal）

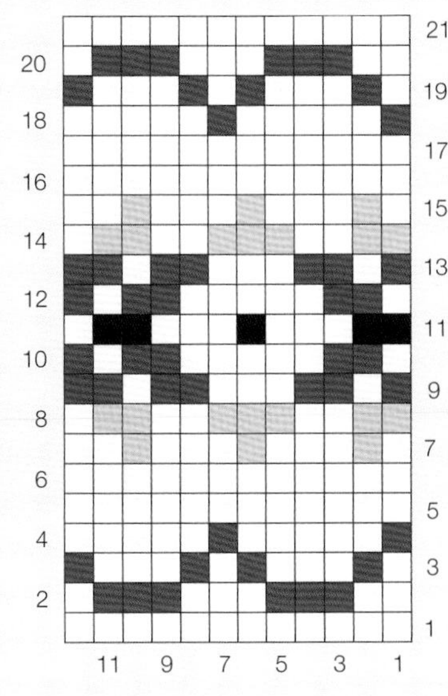

行1： 使用A线，全部编织下针。
行2： 上1A，上3B，上3A，上3B，上2A。
行3： 下1A，下1B，下3A，下1B，下1A，下1B，下3A，下1B。
行4： 上5A，上1B，上5A，上1B。
行5： 使用A线，全部编织下针。
行6： 使用A线，全部编织上针。
行7： 下1A，下1C，下3A，下1C，下3A，下1C，下2A。
行8： 上1A，上2C，上2A，上3C，上2A，上2C。
行9： 下1B，下1A，下2B，下3A，下2B，下1A，下2B。
行10： 上1B，上1A，上2B，上5A，上2B，上1A。
行11： 下2D，下3A，下1D，下3A，下2D，下1A。
行12： 如行10。
行13： 如行9。
行14： 如行8。
行15： 如行7。
行16： 如行6。
行17： 如行5。
行18： 如行4。
行19： 如行3。
行20： 如行2。
行21： 如行1。

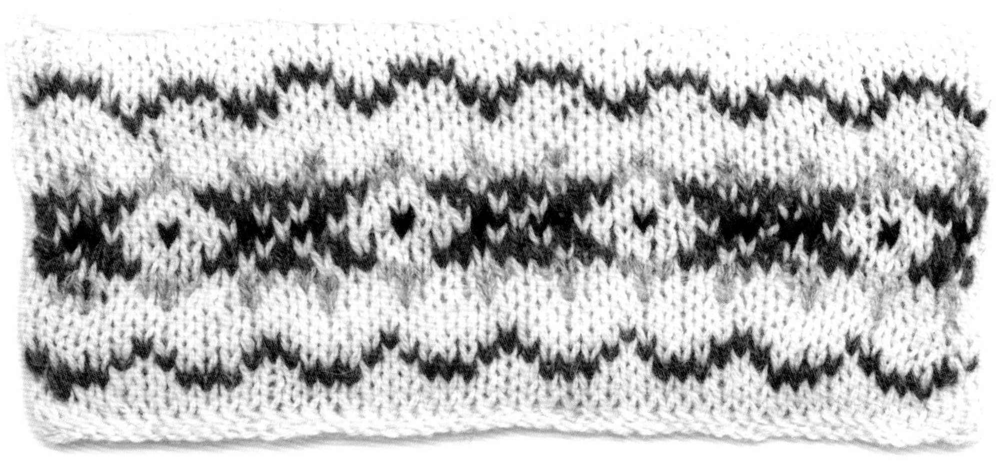

樱桃

这个边饰图案是根据一串樱桃的形象来设计的。这种图案比基本的双色变化更复杂，因为需要编织者在同一行中使用三种不同颜色来编织，并且行数较多。但是，最终的成果值得你的努力！这个图案为14针一重复。

图解

- A线（蝴蝶兰 Orchid）
- B线（茜草 Madder）
- C线（桦木 Birch）

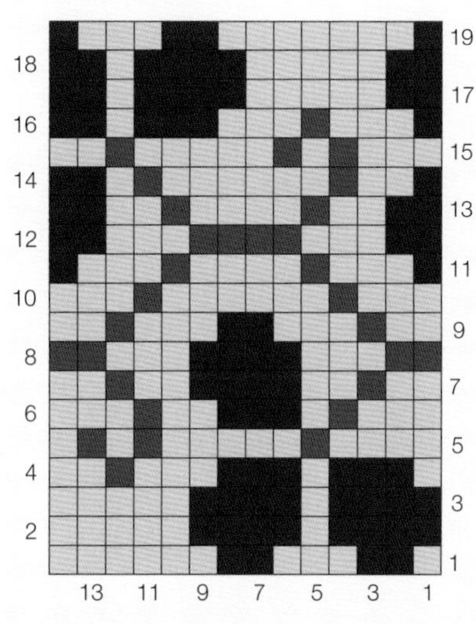

行1： 下1A，下2B，下3A，下2B，下6A。
行2： 上5A，上4B，上1A，上4B。
行3： 下4B，下1A，下4B，下5A。
行4： 上2A，上1C，上3A，上3B，上1A，上3B，上1A。
行5： 下4A，下1C，下5A，下1C，下1A，下1C，下1A。
行6： 上3A，上1C，上2A，上3B，上1A，上1C，上3A。
行7： 下2A，下1C，下2A，下4B，下2A，下1C，下2A。
行8： 上2C，上3A，上4B，上3A，上2C。
行9： 下2A，下1C，下3A，下2B，下3A，下1C，下2A。
行10： 上3A，上1C，上6A，上1C，上3A。
行11： 下1B，下3A，下1C，下4A，下1C，下3A，下1B。
行12： 上2B，上3A，上4C，上3A，上2B。
行13： 下2B，下2A，下1C，下4A，下1C，下2A，下2B。
行14： 上2B，上1A，上1C，上6A，上1C，上2A，上1B。
行15： 下3A，下1C，下1A，下1C，下5A，下1C，下2A。
行16： 上2B，上1A，上3B，上3A，上1C，上3A，上1B。
行17： 下2B，下5A，下4B，下1A，下2B。
行18： 上2B，上1A，上4B，上5A，上2B。
行19： 下1B，下7A，下2B，下3A，下1B。

配色变化

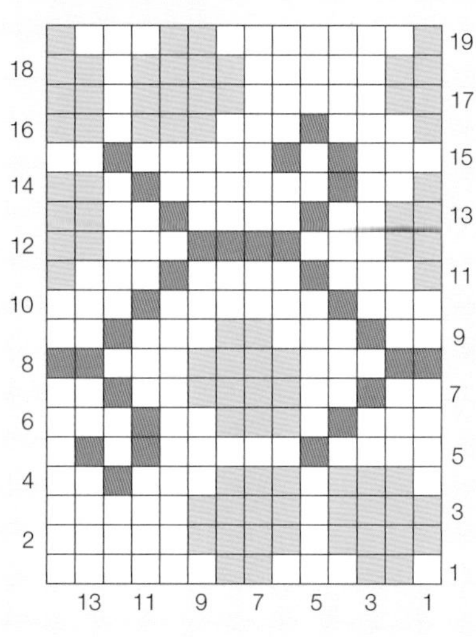

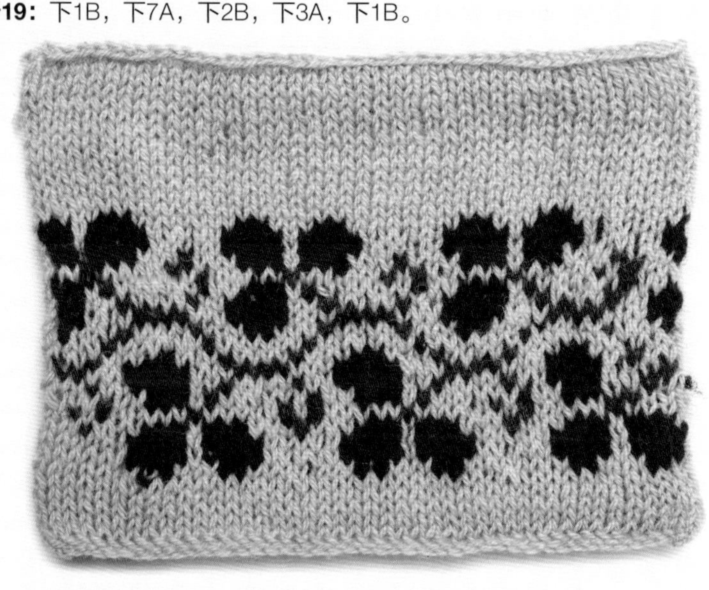

棋盘格

这个设计由两个单独的图案组成，放在一个图解上形成了一个更大的图案。我的样片选择了柔和的配色，但这个图案也适合对比强烈的配色。这个图案为24针一重复。

图解

A 线（罗甘莓 Loganberry）
B 线（野生紫罗兰 Wild Violet）
C 线（木炭 Charcoal）
D 线（蝴蝶兰 Orchid）

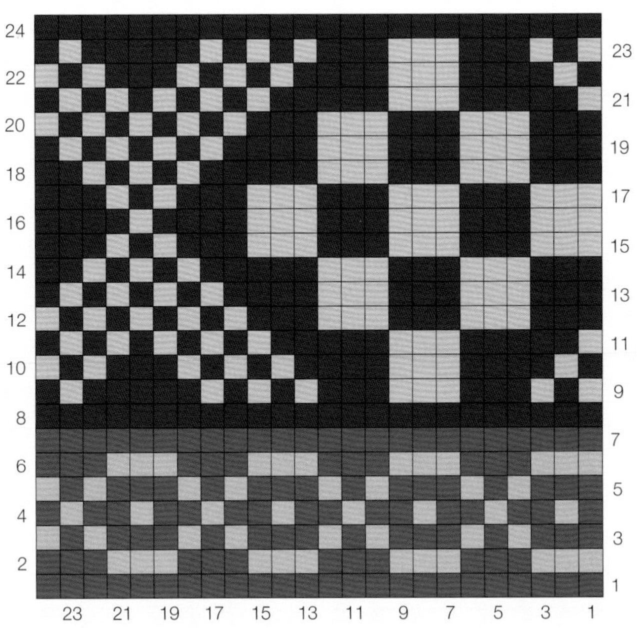

行1： 使用A线，全部编织下针。
行2： * 上3A，上3B，从*开始重复至最后。
行3： * 下3A，下1B，下1A，下1B，从*开始重复至最后。
行4： * 上1A，上1B，上2A，上1B，上1A，从*开始重复至最后。
行5： 如行3。
行6： 如行2。
行7： 使用A线，全部编织下针。
行8： 使用C线，全部编织上针。
行9： 下1D，下1C，下1D，下3C，下3D，下3C，下1D，下1C，下1D，下1C，下1D，下5C，下1D，下1C。
行10： 上1D，上1C，上1D，上3C，上1D，上1C，上1D，上1C，上1D，上4C，上3D，上4C，上1D，上1C。
行11： 下1D，下5C，下3D，下5C，*下1D，下1C，从*开始重复4次。
行12： * 上1D，上1C，从*开始重复4次，上2C，* 上3D，上3C，从*开始再重复1次。
行13： * 下3C，下3D，从*开始再重复1次，下4C，* 下1D，下1C，从*开始重复3次。
行14： 上2C，上1D，上1C，上1D，上1C，上1D，上5C，* 上3D，上3D，从*开始再重复1次。
行15： * 下3D，下3C，从*开始重复2次，下1D，下1C，下1D，下3C。
行16： 上4C，上1D，上4C，* 上3D，上3C，从*开始再重复1次，上3D。
行17： 如行15。
行18： 如行14。
行19： 如行13。
行20： 如行12。
行21： 如行11。
行22： 如行10。
行23： 如行9。
行24： 使用C线，全部编织上针。

带边饰图案的作品

简单的雪花帽子

这顶帽子采用了雪花边饰图案的设计，用极粗线环形编织而成，是一个能快速完成的周末作品。我用单一的颜色做了绒球，但同样可以用帽子里所有颜色的线来制做。

线材

- Jamieson's Shetland Marl极粗线，或用相同粗细的100%纯羊毛极粗线；100克/120米；生产商的编织密度参考为15针×22行，使用6毫米棒针
  - ~ 1团象牙 Ivory 343或奶油色（A）
  - ~ 1团披肩头纱 Mantilla 517或紫红色（B）
  - ~ 1团 Husk 383或金色（C）

工具

- 2根环形针
  - ~ 6毫米，40厘米长
  - ~ 6.5毫米，40厘米长
- 5根6.5毫米双头棒针
- 缝针

其他

- 绒球制作器或两张卡纸，用于制作直径为9厘米的绒球
- 记号扣

作品的编织密度

16针×18行，使用6.5毫米棒针

成品尺寸

适合头围50–57.5厘米

图解

● B线（披肩头纱Mantilla 517或紫红色）

● C线（Husk 383或金色）

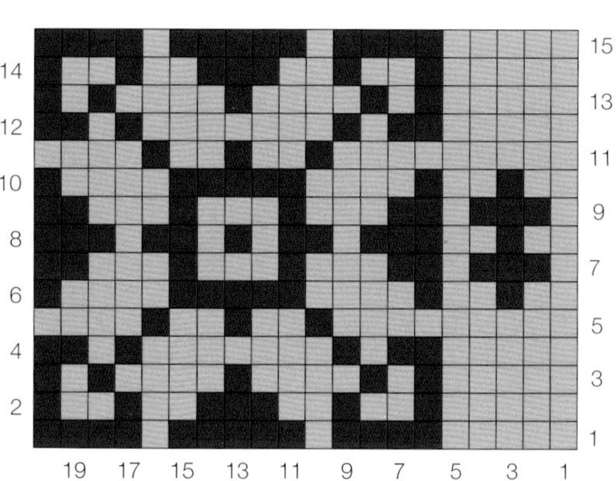

行1： 下5C，下4B，下1C，下5B，下1C，下4B。

行2： 下5C，下1B，下2C，下1B，下2C，下3B，下2C，下1B，下2C，下1B。

行3： 下5C，下1B，下1C，下1B，下4C，下1B，下4C，下1B，下1C，下1B。

行4： 下5C，下2B，下1C，下1B，下7C，下1B，下1C，下2B。

行5： 下9C，下1B，下2C，下1B，下2C，下1B，下4C。

行6： 下2C，下1B，下2C，下1B，下4C，下5B，下4C，下1B。

行7： 下1C，下3B，下1C，下2B，下3C，下1B，下3C，下1B，下3C，下2B。

行8： 下2C，下1B，下2C，下3B，下1C，下2B，下1C，下1B，下1C，下2B，下1C，下3B。

行9： 如行7。

行10： 如行6。

行11： 如行5。

行12： 如行4。

行13： 如行3。

行14： 如行2。

行15： 如行1。

W
M
G

教程

使用A线及6毫米棒针，起80针。连接成环形来编织，注意不要将针目扭转。放记号扣标记一圈的起点。

基础圈：每一针都织扭下针，织到结束处。

圈1–12：*下2，上2，从*开始重复至最后。

换成6.5毫米棒针和B线。

下一圈：根据图解或文字说明编织图解的行1，按照指示换颜色，在一圈中将20针重复织4次。

根据图解编织，直到完成第15行。停用B线及C线。

换成A线，每一圈都织下针，直到作品的长度离起针边缘约17厘米。

帽顶减针（当作品的针数少到环形针用起来不舒服时，换成双头棒针）：

圈1：（下针左上2并1，下8）8次（72针）。

圈2：（下针左上2并1，下10）6次（66针）。

圈3：（下针左上2并1，下7，下针左上2并1）6次（54针）。

圈4：下针编织至最后。

圈5：（下针左上2并1，下5，下针左上2并1）6次（42针）。

圈6：下针编织至最后。

圈7：（下针左上2并1，下3，下针左上2并1）6次（30针）。

圈8：下针编织至最后。

圈9：（下针左上2并1，下1，下针左上2并1）6次（18针）。

圈10：（下针左上2并1）9次（9针）。

作品整理

断线，将线尾穿过余下的针圈中，把线尾抽紧，再打结。藏好所有线头（见第38页）。

可选装饰：制作一个大绒球（见第44–45页），将它缝到帽顶（见第47页）。

王冠雪花帽子

这顶帽子在前一顶的基础上有了更复杂的变化，使用了三种颜色来创建主要的费尔岛边饰图案，并在帽身处增加了额外的图案。五彩缤纷的绒球也是一个有趣的改变！

线材

- Jamieson's Shetland Marl极粗线，或用相同粗细的100%纯羊毛极粗线；100克/120米；生产商的编织密度参考为15针×22行，使用6毫米棒针
  - ~ 1团暗礁 Reef 2115或彩点蓝色（A）
  - ~ 1团姜饼 Gingersnap 331或深橘色（B）
  - ~ 1团天然白 Natural White 104或白色（C）

工具

- 2根环形针
  - ~ 6毫米，40厘米长
  - ~ 6.5毫米，40厘米长
- 5根6.5毫米双头棒针
- 缝针

其他

- 绒球制作器或两张卡纸，用于制作直径为9厘米的绒球
- 记号扣

作品的编织密度

16针×18行，使用6.5毫米棒针

成品尺寸

适合头围50–57.5厘米

图解A

- A 线（暗礁 Reef 2115或彩点蓝色）
- B 线（姜饼 Gingersnap 331或深橘色）
- C 线（天然白 Natural White 104或白色）

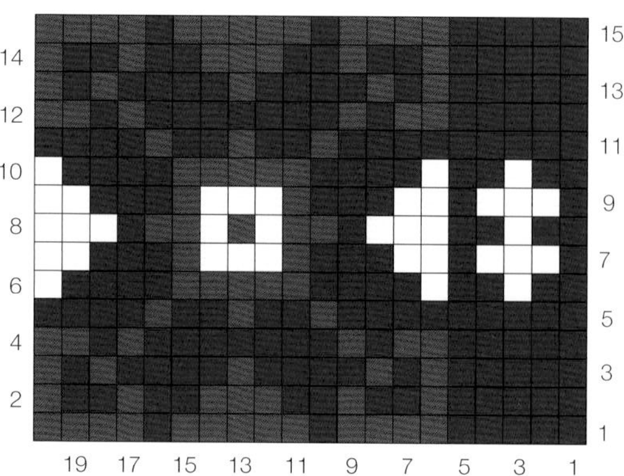

行1：下5A，下4B，下1A，下5B，下1A，下4B。
行2：下5A，下1B，下2A，下1B，下2A，下3B，下2A，下1B，下2A，下1B。
行3：下5A，下1B，下1A，下1B，下4A，下1B，下4A，下1B，下1A，下1B。
行4：下5A，下2B，下1A，下1B，下7A，下1B，下1A，下2B。
行5：下9A，下1B，下2A，下1B，下2A，下1B，下4A。
行6：下2A，下1C，下2A，下1C，下4A，下5B，下4A，下1C。
行7：下1A，下3C，下1A，下2C，下3A，下1B，下3C，下1B，下3A，下2C。
行8：下2A，下1C，下2A，下3C，下1A，下2B，下1C，下1B，下1C，下2B，下1A，下3C。
行9：如行7。
行10：如行6。
行11：如行5。
行12：如行4。
行13：如行3。
行14：如行2。
行15：如行1。

图解B

- A 线（暗礁 Reef 2115或彩点蓝色）
- B 线（姜饼 Gingersnap 331或深橘色）
- C 线（天然白 Natural White 104或白色）
- 按图解颜色编织下针左上 2 并 1

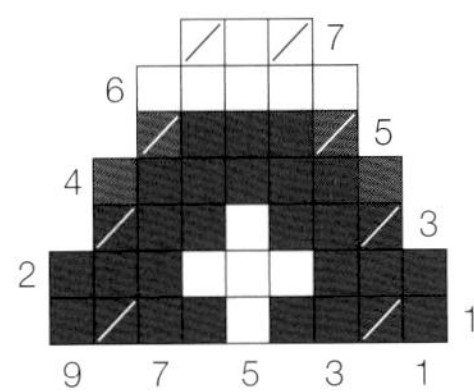

行1： * 下针左上2并1A，下3A，下1C，下3A，下针左上2并1A，从*开始重复至最后（54针）。
行2： * 下3A，下3C，下3A，从*开始重复至最后。
行3： * 下针左上2并1A，下2A，下1C，下2A，下针左上2并1A，从*开始重复至最后（42针）。
行4： * 下1B，下5A，下1B，从*开始重复至最后。
行5： * 下针左上2并1B，下3A，下针左上2并1B，从*开始重复至最后（30针）。
行6： 使用C线，全部编织下针。
行7： * 下针左上2并1C，下1C，下针左上2并1C，从*开始重复至最后（18针）。

教程

使用A线及6毫米棒针，起80针。连接成环形来编织，注意不要将针目扭转。放记号扣标记一圈的起点。
基础圈： 每一针都织扭下针，织到结束处。
圈1–12： * 下2，上2，从*开始重复至最后。换成6.5毫米棒针。
下一圈： 根据图解A或文字说明编织图解A的行1，按照指示换颜色，在一圈中将20针重复织4次。
根据图解编织，直到完成第15行。将B线及C线断线。仅用A线继续编织，直到作品的长度离起针边缘约17厘米。
帽顶减针（当作品的针数少到环形针用起来不舒服时，换成双头棒针）：
圈1：（下针左上2并1，下8）8次（72针）。
圈2：（下针左上2并1，下10）6次（66针）。
下一圈： 根据图解B或文字说明，按照指示换颜色，在一圈中将图解B的行1重复织6次。（54针）。
继续按图解B编织，直到完成第7行。
下一圈：（下针左上2并1C）9次（9针）。

作品整理

断线，将线尾穿过余下的针圈中，把线尾抽紧，再打结。藏好所有线头（见第38页）。
可选装饰： 制作一个大绒球（见第44-45页），将它缝到帽顶（见第47页），我取了每个颜色各一股线制作了一个有特色的绒球。

坎皮恩花育克毛衣

这是一件经典的育克毛衣，使用中性和活力的颜色组合。主体大部分使用直棒针片织，育克部分为环形编织。

线材

- Erika Knight British Blue 100 DK粗线，或用相同粗细的100%纯羊毛粗线；100克/220米；生产商的编织密度参考为22针×30行，使用4毫米棒针
  - ~ 4（4：5：5）团达罗薇夫人 Mrs Dalloway 604或芥末黄（A）
  - ~ 2团辛白林 Cymbeline 601或黑色（B）
  - ~ 2团芭蕾舞团 Ballet Russe 606或亮粉色（D）
- Erika Knight British Blue DK粗线，或用相同粗细的100%纯羊毛粗线；25克/55米；生产商的编织密度参考为22针×30行，使用4毫米棒针
  - ~ 2团巴辛先生 Mr Bhasin 116或水鸭蓝色（C）
  - ~ 1团牛奶 Milk 100或奶油色（E）

工具

- 2副直棒针
  - ~ 3.5毫米
  - ~ 4毫米
- 2根环形针（**提示：**如果你有两种长度的环形针，用起来会更方便，使用长一点的环形针用于织育克部分，当育克减到针数比较少的时候，使用短一点的环形针）
  - ~ 3.5毫米，60厘米长
  - ~ 4毫米，60–80厘米长
- 缝针

其他

- 记号扣
- 别针

作品的编织密度

23针×28行，使用4毫米棒针

教程提示：

后片上方的形状是通过绕线翻面（W&T）的引返技法塑造的。见第37页“编织缩略语”的技法介绍。

尺寸表格

	尺寸1	尺寸2	尺寸3	尺寸4
适合胸围（厘米）	81–86	91–97	102–107	112–117
袖长（厘米）	44.5	44.5	44.5	45.5
后片长度（厘米）	55	56	58.5	60

图解

- B 线（辛白林 Cymbeline 601或黑色）
- C 线（巴辛先生 Mr Bhasin 116或水鸭蓝色）
- D 线（芭蕾舞团 Ballet Russe 606或亮粉色）
- E 线（牛奶 Milk 100或奶油色）
- 下针左上 2 并 1
- 无针

图解A

行1（正面行）： 下3C，下3D，下1C，下3D，下2C。
行2（反面行）：（上2C，上1D）3次，上3C。
行3： 下1C，下3D，下2C，下1D，下2C，下3D。
行4： 上1D，上2C，（上1D，上1C）2次，上1D，上2C，上1D，上1C。
行5： 下1C，下1D，下3C，下3D，下3C，下1D。
行6：（上1C，上4D）2次，上2C。
行7： 如行5。
行8： 如行4。
行9： 如行3。
行10： 如行2。
行11： 如行1。

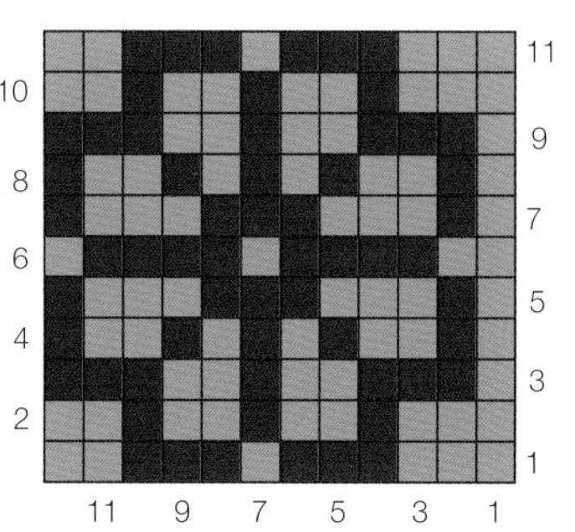

图解B

行1： * 下4C，下1D，下3C，下2D，下1C，下2D，下3C，下1D，下3C，下2D，下1C，下2D，从*开始重复至最后。
行2： * 下1C，下针左上2并1C，下1D，下1C，下1D，下2C，下2D，下1C，下2D，下2C，下1D，下1C，下1D，下2C，下2D，下1C，下2D，从*开始重复至最后（每次重复减1针）。
行3： * 下1C，（下1D，下1C）2次，（下1D，下3C）2次，（下1D，下1C）2次，下1D，下3C，下1D，下2C，从*开始重复至最后。
行4： * 下2C，下1D，下1C，下1D，下2C，下2D，下1C，下2D，下2C，下1D，下1C，下1D，下2C，下2D，下1C，下2D，从*开始重复至最后。
行5： * 下3C，下1D，下针左上2并1C，（下1C，下2D）2次，下3C，下1D，下针左上2并1C，（下1C，下2D）2次，从*开始重复至最后（每次重复减2针）。
行6： 使用C线，全部编织下针。

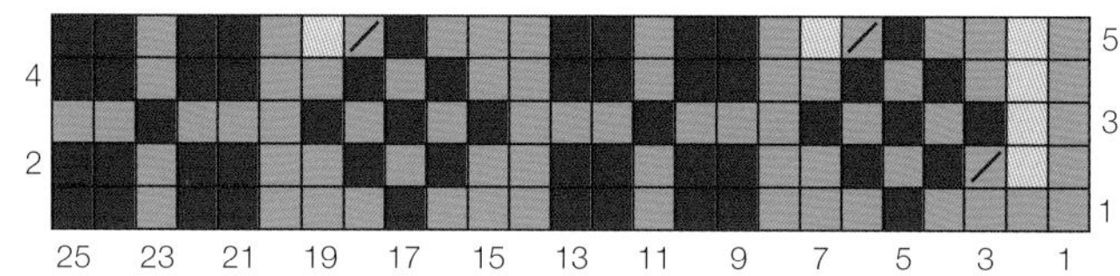

图解C

行1： * 下2C，下2B，下4C，下3B，下2C，下1B，下1C，下1B，下3C，下2B，下1C，从*开始重复至最后。
行2： * 下1C，下4B，下2C，（下1B，下1C）2次，下1B，下2C，下1B，下3C，下4B，从*开始重复至最后。
行3： * 下1C，下4B，下2C，（下2B，下1C）2次，下3B，下2C，下4B，从*开始重复至最后。
行4： * 下2C，下2B，下针左上2并1C，（下1C，下1B）3次，下2C，下1B，下2C，下针左上2并1C，下2B，下1C，从*开始重复至最后（每次重复减2针）。
行5： * 下7C，下3B，下2C，下1B，下1C，下1B，下5C，从*开始重复至最后。

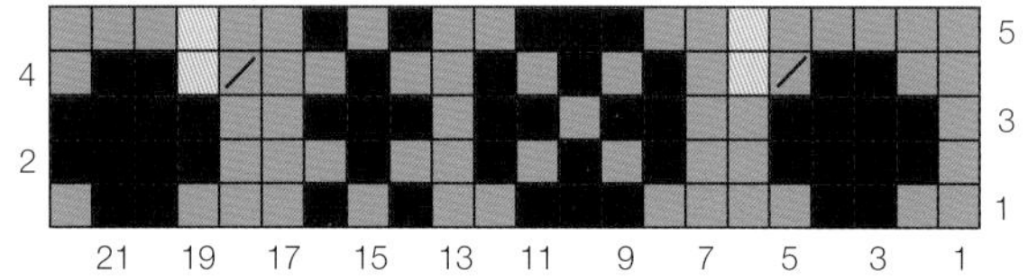

图解D

行1： * 下2D，（下3B，下4D）2次，下3B，下1D，从*开始重复至最后。
行2： * 下1D，（下5B，下2D）2次，下5B，从*开始重复至最后。
行3： 如行2。
行4： * 下2D，（下3B，下4D）2次，下3B，下1D，从*开始重复至最后。
行5： * 下2D，下针左上2并1D，下14D，下针左上2并1D，从*开始重复至最后（每次重复减2针）。

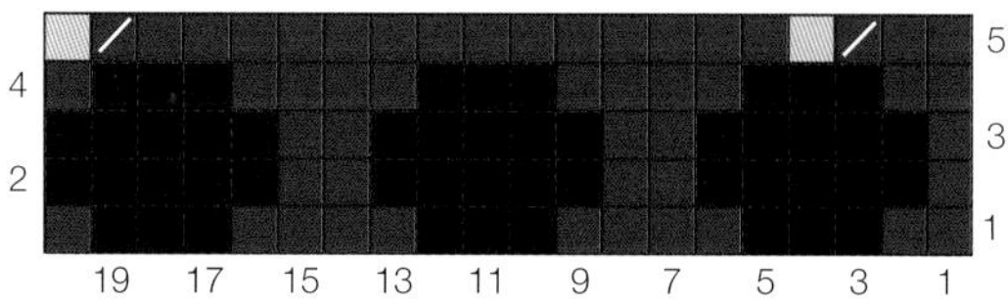

图解E

行1： * 下5C，下3E，下3C，下1E，下1C，下1E，下4C，从*开始重复至最后。

行2： * 下4C，（下1E，下1C）3次，下2C，下1E，下5C，从*开始重复至最后。

行3： * 下1C，下针左上2并1C，下1C，下2E，下1C，下2E，下2C，下3E，下1C，下针左上2并1C，下1C，从*开始重复至最后（每次重复减2针）。

行4： * 下3C，（下1E，下1C）3次，下2C，下1E，下4C，从*开始重复至最后。

行5： * 下2C，下针左上2并1C，下3E，下1C，下针左上2并1C，下1E，下1C，下1E，下3C，从*开始重复至最后（每次重复减2针）。

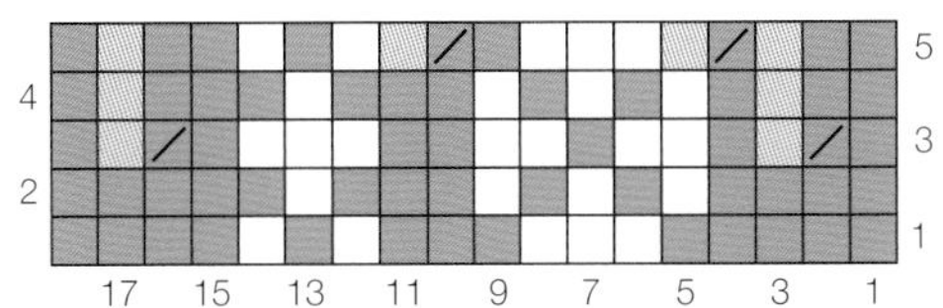

图解F

行1： * 下2B，下2D，下1B，下2D，下3B，下1D，下3B，从*开始重复至最后。

行2： * 下2B，下2D，下1B，下2D，下2B，下1D，下1B，下1D，下2B，从*开始重复至最后。

行3： *下4B，下1D，下3B，（下1D，下1B）3次，从*开始重复至最后。

行4： 如圈2。

行5： 如圈1。

行6： *（下针左上2并1B，下5B）2次，从*开始重复至最后（每次重复减2针）。

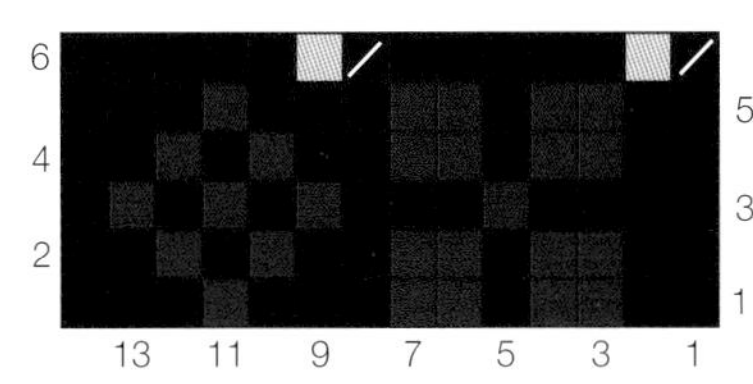

教程

后片

使用3.5毫米棒针及A线，起 86（98：110：122）针。

行1（正面行）： * 下1，上1，从*开始重复至最后。

重复编织行1，直到作品长约7.5厘米，结束于一行正面行。

下一行（反面行）： 重复编织行1，同时在一行中分散加3针［89（101：113：125）针］。

换成4毫米棒针。

下一行（正面行）： 使用B线，全部编织下针。

下一行（反面行）： 上2B * 上1A，上1B，从*开始重复至最后余3针，上3B。

下一行： 使用B线，全部编织下针。

下一行： 使用C线，全部编织上针。

下一行（正面行）： 下2C，编织图解A的行1共7（8：9：10）次，下3C。

下一行（反面行）： 上3C，编织图解A的下一行共7（8：9：10）次，上2C。

继续按图解A的规律编织，直到完成图解的行11。

下一行（反面行）： 使用C线，全部编织上针。停用C线。

下一行（正面行）： 使用B线，全部编织下针。

下一行： 上2B，* 上1A，上1B，从*开始重复至最后余3针，上3B。

下一行： 使用B线，全部编织下针。停用B线。

之后只使用A线编织，不加针不减针编织平针，直到作品离起针边缘长约33（33：33：34）厘米，结束于一行反面行。

编织袖窿减针

于下2行的编织起点分别收掉3针［83（95：107：119）针］。继续不加针不减针，编织平针，同时进行袖窿的减针，方法如下：

下一行（正面行）： 下针左上2并1，下针编织到最后余2针，下针右上2并1（减2针）。

编织3行平针。

重复前4行 1（3：3：3）次［79（87：99：111）针］。

仅适用于尺寸1、3、4

下一行（正面行）： 下针左上2并1，下针编织到最后余2针，下针右上2并1（减2针）。

下一行： 全部编织上针。

重复前2行1（-：1：2）次［75（-：95：105）针］。

全尺寸适用

将余下的75（87：95：105）针移到别针上休针待用。

前片

同后片一样编织。

袖子

制作两只

使用3.5毫米棒针及A线，起 48（52：56：56）针。

行1（正面行）： * 下1，上1，从*开始重复至最后。

重复编织行1直到罗纹长约7.5厘米，结束于一行正面行。

下一行（反面行）： 重复编织行1的同时，在一行中分散加2针［50（54：58：58）针］。

换成4毫米棒针。

下一行（正面行）： 使用B线，编织下针的同时，在一行的两端各加1针［52（56：60：60）针］。

下一行： 上2B，* 上1A，上1B，从*开始重复至最后余2针，上2B。

下一行：使用B线，全部编织下针。
下一行（反面行）：使用C线，全部编织上针。
接下来的教程请仔细阅读，因为有两套指引需要结合起来编织。
下一行（正面行）：使用C线，下2（4：0：0），编织图解A的行1共4（4：5：5）次。
下一行（反面行）：使用C线，上2（4：0：0），编织图解A的下1行共4（4：5：5）次。
继续按图解A的规律编织，直到完成图解的行11。
下一行（反面行）：使用C线，全部编织上针。停用C线。
下一行：使用B线，全部编织下针。
下一行：上2B，* 上1A，上1B，从*开始重复至最后余2针，上2B。
下一行：使用B线，全部编织下针。停用B线。
仅使用A线，继续编织平针，直到袖子离起针边缘长约44.5（44.5：44.5：46）厘米，结束于一行反面行。
与此同时，在图解A的第7行的两端各加1针，然后每6行（按同样的加针方法）加针1次，直到针数变为76（82：88：92）针，在图解A的终点处使用C线来编织加针，然后换回正确的颜色编织下一行。完成所有加针后，继续不加针不减针，编织至指定的长度。

编织袖窿减针

于下2行的编织起点各收掉3针［70（76：82：86）针］。
行1（正面行）：下针左上2并1，下针编织到最后余2针，下针右上2并1（减2针）。
再织1（3：3：3）行平针。
重复此2（4：4：4）行4（0：2：4）次［60（74：76：76］。

仅适用于尺寸1

下一行（正面行）：下针左上2并1，下针编织到最后余2针，下针右上2并1（58针）。
下一行：上针左上2并1，上针编织到最后余2针，上针左上2并1（56针）。

仅适用于尺寸2、3、4

下一行（正面行）：下针左上2并1，下针编织到最后余2针，下针右上2并1（减2针）。
下一行：全部编织上针。
重复此2行－（5：3：0）次［－（62：68：74）针］。

全尺寸适用

将余下的56（62：68：74）针移到别针上休针待用。

育克

使用A线及4毫米环形针，先从后片编织75（87：95：105）针下针，再从左袖子编织56（62：68：74）针下针，从前片编织75（87：95：105）针下针，从右袖子编织56（62：68：74）针下针［262（298：326：358）针］。
将作品连接成环形来编织，放记号扣标记一圈的起点。

减针圈

尺寸1：*（下19，下针左上2并1）6次，下5，从*开始再重复1次（250针）。

尺寸2：下10，* 下针左上2并1，下11，从*开始重复至最后余2针，下针左上2并1（275针）。
尺寸3：*（下0，下针左上2并1）13次，下7，从*开始再重复1次（300针）。
尺寸4：（下9，下针左上2并1）16次，下4，下针左上2并1，（下9，下针左上2并1）16次（325针）。

全尺寸适用

取下记号扣，下11（3：6：23），放记号标记新的一圈起点（这个操作是为了保证图案能居中对称）。
（**提示：**对于图解B至F，所有的行都是织下针的，从右向左阅读图解。）
下一圈：编织图解B的行1，在一圈中将25针重复10（11：12：13）次。
继续根据图解编织，直到完成图解B，然后继续编织图解C至F［120（132：144：156）针］。
使用B线，编织1圈下针。
停用B线，接下来仅使用A线.
编织1圈下针。
使用引返编织方法，塑造后片上部的形状，方法如下：
行1（正面行）：下34（42：44：40），绕线翻面。
行2（反面行）：将编织过程遇到的记号取下，上44（48：52：56），绕线翻面。
行3：下38（42：46：50），绕线翻面。
行4：上32（36：40：44），绕线翻面。
行5：下26（30：34：38），绕线翻面。
行6：上20（24：28：32），绕线翻面。
放记号标记新的一圈起点。

再织1（1：2：2）圈，将编织过程中的那些绕线挑起并针。

编织领口减针

仅适用于尺寸1

圈1： * 下10，下针左上2并1，从*开始重复至最后（110针）。

圈2及圈4： 全部编织下针。

圈3： * 下16，下针左上2并1，从*开始重复至最后余2针，下2（104针）。

仅适用于尺寸2

圈1： * 下9，下针左上2并1，从*开始重复至最后（120针）。

圈2及圈4： 全部编织下针。

圈3： * 下13，下针左上2并1，从*开始重复至最后（112针）。

仅适用于尺寸3

圈1： * 下10，下针左上2并1，从*开始重复至最后（132针）。

圈2、圈4及圈6： 全部编织下针。

圈3： * 下20，下针左上2并1，从*开始重复至最后（126针）。

圈5： * 下19，下针左上2并1，从*开始重复至最后（120针）。

仅适用于尺寸4

圈1： * 下11，下针左上2并1，从*开始重复至最后（144针）。

圈2、圈4及圈6： 全部编织下针。

圈3： * 下16，下针左上2并1，从*开始重复至最后（136针）。

圈5： * 下15，下针左上2并1，从*开始重复至最后（128针）。

全尺寸适用

领边

换成3.5毫米棒针。

下一圈： 使用A线，* 下1，上1，从*开始重复至最后。

按此规律编织罗纹针约4厘米。

收针。

作品整理

将每一块织片按所需尺寸定型（见第40–41页）。

使用挑针缝合方法，缝合腋下、袖筒和侧边接缝（见第39页）。藏好所有线头（见第38页）。

提花袜子

这双袜子包括了许多不同的费尔岛边饰图案，让它们成为你衣柜里有趣而实用的点缀吧。这个教程是为那些习惯了用5根双头棒针圈织的编织老手而设计的。当我制作这些袜子的时候，我的其中一根双头棒针比其他的棒针都长，以标志一圈的起点——那样，我就不需要放记号。但是，如果你是使用双头棒针的新手，请使用5根常规的双头棒针和一个记号扣，来帮助跟踪你所处的位置。

作品列出了两种尺寸，分别为女士和男士（男士在括号内）。此外，可以按需要把袜筒织得长点或短点，方法是在袜口完成后，增加或减少袜筒的行数。

线材

- Socks Yeah! CoopKnits细线，或相同粗细的美丽诺/尼龙混纺袜子线；50克/212米；生产商的编织密度参考为36针×50行，使用2.75毫米棒针
  - ~ 1团橄榄石 Peridot 114或绿色（A）
  - ~ 1团蓝铜矿 Azurite 120或蓝色（B）
  - ~ 1团黄水晶 Citrine 118或黄色（C）
  - ~ 1团石英 Quartz 122或奶油色（D）
  - ~ 1团红玉髓 Carnelian 130或锈红色（E）

工具

- 4或5根2.75毫米双头棒针，15厘米长
- 缝针
- 可选工具：1副2.7毫米双头棒针，20厘米长

其他

- 记号扣

作品的编织密度

32针×38行，使用2.75毫米棒针

成品尺寸

- 女士版本
  - ~ 袜筒长：33厘米
  - ~ 袜口围：20厘米
- 男士版本
  - ~ 袜筒长：33厘米
  - ~ 袜口围：23厘米

图解

A 线（橄榄石 Peridot 114或绿色）

B 线（蓝铜矿 Azurite 120或蓝色）

C 线（黄水晶 Citrine 118或黄色）

D 线（石英 Quartz 122或奶油色）

E 线（红玉髓 Carnelian 130或锈红色）

行1：使用B线，全部编织下针。
行2：*下3B，下1C,从*开始重复至最后。
行3：*下1C，下1B，从*开始重复至最后。
行4：*下1B，下1C，下3B，下1C，下2B，从*开始重复至最后。
行5：如行3。
行6：如行2。
行7：如行1。
行8及行9：使用D线，全部编织下针。
行10：*下2D，下1C，下2D，下1C，下1D，下1C，从*开始重复至最后。
行11：*下1D，下1B，下1D，下1B，下2D，下1B，下1D，从*开始重复至最后。
行12：如行10。
行13及行14：使用D线，全部编织下针。
行15及行16：使用A线，全部编织下针。
行17及行18：使用C线，全部编织下针。
行19：*下2E，下1C，下3E，下1C，下1E，从*开始重复至最后。
行20：*下1E，下1C，下5E，下1C，从*开始重复至最后。
行21：*下1C，下3E，下1C，下3E，从*开始重复至最后。
行22：如行20。
行23：如行19。
行24及行25：使用C线，全部编织下针。
行26及行27：使用A线，全部编织下针。
行28及行29：使用E线，全部编织下针。
行30及行31：*下2B，下2D，从*开始重复至最后。
行32及行33：*下2D，下2B，从*开始重复至最后。
行34及行35：使用E线，全部编织下针。
行36及行37：使用D线，全部编织下针。
行38：*下1C，下1D，从*开始重复至最后。
行39–41：使用C线，全部编织下针。
行42：*下3C，下1B，从*开始重复至最后。
行43：*下1B，下1C，下3B，下1C，下2B，从*开始重复至最后。
行44–46：使用B线，全部编织下针。
行47：使用A线，全部编织下针。
行48：*下1A，下2E，下2A，下2E，下1A，从*开始重复至最后。
行49：*下2E，下2A，从*开始重复至最后。
行50：*下2A，下2E，从*开始重复至最后。
行51：*下1E，下2A，下2E，下2A，下1E，从*开始重复至最后。
行52：使用A线，全部编织下针。
行53及行54：使用C线，全部编织下针。
行55：使用D线，全部编织下针。
行56：*下3D，下3B，下2D，从*开始重复至最后。
行57–59：*下2D，下5B，下1D，从*开始重复至最后。
行60：如行56。
行61：使用D线，全部编织下针。
行62及行63：使用C线，全部编织下针。

教程

制作两只袜子

使用A线起64（72）针。将针目平均分配到3根短棒针和1根长棒针上（或4根15厘米长的双头棒针），连接成环形来编织，注意不要将针目扭转。

（**提示：**如果你使用一根较长的棒针来搭配短棒针使用，这根长棒针可用来标记一圈的起点，否则，需要放记号扣来标记一圈的起点。）

圈1–34： * 下1，上1，从*开始重复至最后。

袜筒

下一圈：按照图解换颜色，在一圈中将8针重复8（9）次。

继续按照图解编织，直到完成第63圈。

袜跟

接下来使用两根棒针，仅使用C线编织平针。

下一行（正面行）：下16（18），翻面。

下一行（反面行）：滑1针不织，下2，上26（30），下3（多出的针数来自第四根短棒针）。

下一行：滑1针不织，下针织到结束。

下一行：滑1针不织，下2，上26（30），下3。

重复最后2行16次。

袜跟底

接下来仅编织袜跟上的针目，方法如下：

行1：滑1针不织，下17（19），下针右上2并1，下1，翻面。

行2：滑1针不织，上5，上针左上2并1，上1，翻面。

行3：滑1针不织，下6，下针右上2并1，下1，翻面。

行4：滑1针不织，上7，上针左上2并1，上1，翻面。

行5：滑1针不织，下8，下针右上2并1，下1，翻面。

行6：滑1针不织，上9，上针左上2并1，上1，翻面。

行7：滑1针不织，下10，下针右上2并1，下1，翻面。

行8：滑1针不织，上11，上针左上2并1，上1，翻面。

行9：滑1针不织，下12，下针右上2并1，下1，翻面。

行10：滑1针不织，上13，上针左上2并1，上1，翻面。

行11：滑1针不织，下14，下针右上2并1，下1，翻面。

行12：滑1针不织，上15，上针左上2并1，上1，翻面。

仅适用于小码

行13：滑1针不织，下16，下针右上2并1，翻面。

行14：滑1针不织，上16，上针左上2并1，上1，翻面，（18针）。

仅适用于大码

行13：滑1针不织，下16，下针右上2并1，下1，翻面。

行14：滑1针不织，上17，上针左上2并1，上1，翻面（18针）。

行15：滑1针不织，下18，下针右上2并1，翻面。

行16：滑1针不织，上18，上针左上2并1，翻面（20针）。

两尺寸通用

下一行：下9（10），停住翻面。

下一行：使用一根空棒针，编织余下的9（10）针。使用同一根棒针沿着袜跟的侧边挑织15（17）针下针，此为棒针1，有24（27）针。

每次都使用一根空棒针，分别从棒针2上编织16（18）针，从棒针3上编织16（18）。

使用一根空棒针，沿着袜跟的侧边挑织15（17）针下针，然后编织余下的9（10）针。此为棒针4，有24（27）针。

目前共80（90）针，分配在四根双头棒针上。恢复环形编织。

袜背减针

接下来仅使用C线编织，编织袜背的减针，方法如下：

圈1：下针编织到棒针1上的最后余3针，下针左上2并1，下1。编织棒针2和棒针3，然后编织棒针4，下1，下针右上2并1，下针织到结束（减2针）。

圈2：全部编织下针。

使用C线重复编织圈1和圈2，直到总针数减至64（72）针，结束于圈2。

足部

圈1–9：根据图解编织行55–63。

圈10–17：根据图解编织行39–46，使用A线替代C线，使用E线替代B线。

圈18–20：使用C线，编织下针。

圈21–29：根据图解编织行55–63，使用B线作为背景色，D色做为圆点图案。

圈30–37：根据图案编织行39–46，使用E线替代C线，使用A线替代B线。

圈38–39：使用C线，编织下针。

圈40–41：使用D线，编织下针。

圈42–43：使用B线，编织下针。

接下来仅使用A线，不加针不减针编织平针，直到足部到达拇指起点，或离理想足长还差5厘米处。

袜尖减针

圈1： * 下针编织到棒针1上最后余3针，下针左上2并1，下1；编织棒针2，下1，下针右上2并1，下针织完这根棒针。编织棒针3和棒针4，从*开始重复（减4针）。

圈2：全部编织下针。

重复此2圈5（6）次［40（44）针］。

再重复圈17（8）次（12针）。

作品整理

断线，将线尾穿进所有针圈中。抽紧线尾并打结。藏好所有的线头（见第38页）。

杰克的毛衣

我为儿子雅各布织了一顶帽子作为圣诞礼物，我受到了启发，决定给他织一件同样颜色和图案的毛衣。颜色是基于我对雅各布品味的了解。它的主要图案是OXO，是最著名和最传统的费尔岛提花图案之一，我把它和简单的边饰图案混合在一起。

线材

- Jamieson's DK粗线，或相同粗细的100%纯羊毛粗线，最好是真正的设得兰绵羊毛；25克/75米；生产商的编织密度参考为25针×32行，使用3.75毫米棒针
  - 3（3：4：4）团松鸡 Grouse 235或段染棕色（A）
  - 3（3：3：4）团黄昏 Twilight 175或石板绿色（B）
  - 2（3：3：3）团夜鹰 Nighthawk 1020或蓝绿色（C）
  - 4（4：4：4）团澳洲青苹果 Granny Smith 1140或苔绿色（D）
  - 3（3：4：4）团蛋壳 Eggshell 768或淡薄荷绿色（E）
  - 4（4：5：5）团鹅卵石 Pebble 127或灰奶油色（F）

工具

- 2副直棒针
  - 3.5毫米
  - 4.5毫米
- 缝针

其他

- 别针

作品的编织密度

20针x24行，使用4.5毫米棒针

尺寸表格

	尺寸1	尺寸2	尺寸3	尺寸4
适合胸围（厘米）	91	96	101	106
实际胸围（厘米）	93	101.5	110.5	118
袖长（厘米）	47	48	48	49
至肩膀长度（厘米）	61	63	64	65
至腋下长度（厘米）	38	39.5	39.5	40
上臂围（厘米）	44	45	47	49

图解

提示：每个尺寸在图解中的起止点位置不一样。

- A 线（松鸡 Grouse 235或段染棕色）
- B 线（黄昏 Twilight 175或石板绿色）
- C 线（夜鹰 Nighthawk 1020或蓝绿色）
- D 线（澳洲青苹果 Granny Smith 1140或苔绿色）
- E 线（蛋壳 Eggshell 768或淡薄荷绿色）
- F 线（鹅卵石 Pebble 127或灰奶油色）
  仅适用于尺寸 1
- 仅适用于尺寸 2
- 仅适用于尺寸 3
- 仅适用于尺寸 4

图解A：胸部图案

图解B：袖子

提示：袖子的加针并没有在图解中很明确地显示，作品的加针应根据教程的指示，以合适的颜色来编织，从两端的边针内侧各编织一针扭加针。例如，如果在一行加针行中，第2针是“下1A”，那么这一针应用A线来编织一针“扭加针”。

教程

后片

使用3.5毫米棒针及A线，起78（86：94：102）针。

基础行（反面行）： 每一针都织扭上针，直到结束。

行1及行2： 使用A线，* 下1，上1，从*开始重复至最后。

行3–6： 使用B线，* 下1，上1，从*开始重复至最后。

行7–10： 使用C线，* 下1，上1，从*开始重复至最后。

行11–14： 使用D线，* 下1，上1，从*开始重复至最后。

行15–17： 使用E线，* 下1，上1，从*开始重复至最后。

行18（反面行）： 使用E线，编织6（4：1：5）针单罗纹，扭加针，* 编织 5（6：7：7）针单罗纹，扭加针，从*开始重复至最后余7（4：2：6）针，编织单罗纹针至最后［92（100：108：116）针］。

换成4.5毫米棒针。

按照你所选择的尺寸的正确起止点，编织图解A的行1。

继续按照原有的图案规律编织，直到完成行27，然后重复编织行1–27（注意，在图解的下一次以及每隔一次重复时，正面行会变成反面行，反之亦然）直到后片离起针行约38（39.5：39.5：40）厘米，结束于一行反面行。

袖窿减针

继续按照原有的图案规律编织，于下2行的编织起点分别收掉10针［72（80：88：96）针］。

不加针不减针，编织至后片长约61（63：64：65）厘米，结束于一行反面行。

编织斜肩

下一行（正面行）： 收掉7（8：9：10）针，按照图案规律编织至右棒针上余21（24：27：30）针，收掉16针，按照图案规律编织至最后［49（56：63：70）针］。

下一行（反面行）： 收掉7（8：9：10）针，按照图案规律编织至领口处，翻面，将未织的针目移到别针上休针待用，接下来仅编织左肩膀的针目［21（24：27：30）针］。

下一行（正面行）： 收掉5针，按照图案规律编织［16（19：22：25）针］。

下一行（反面行）： 收掉7（8：9：10）针，按照图案规律编织至最后［9（11：13：15）针］。

下一行（正面行）： 收掉4针，按照图案规律编织至最后［5（7：9：11）针］。

收掉余下的针目。

从反面接线，编织右侧肩膀的针目，参考左侧肩膀的减针方法对称完成这一侧的肩膀。

前片

同后片一样编织，至长度离后片肩膀斜肩开始处还有22行时，结束于一行反面行。

领口减针

下一行（正面行）： 按照图解规律编织31（35：39：43）针，收掉10针，按照图解规律编织至最后［62（70：78：86）针］。

下一行（反面行）： 按照图解规律编织至领口处，翻面，将未织的针目移到别针上休针待用，接下来仅编织（穿在身上时的）右侧肩膀的针目［31（35：39：43）针］。

下一行（正面行）： 收掉3针，按照图案规律编织至最后［28（32：36：40）针］。

下一行（反面行）： 按照图解规律编织至最后。

下一行（正面行）： 收掉2针，按照图案规律编织至最后［26（30：34：38）针］。

重复最后2行1次［24（28：32：36）针］。

接下来在领口处减1针，隔一行减1次，共减5次［19（23：27：31）针］。

按照图解规律不加针不减针编织至前片的长度与后片斜肩开始的位置匹配，结束于一行正面行。

编织斜肩

下一行（反面行）： 收掉7（8：9：10）针，按照图解规律编织至最后［12（15：18：21）针］。

下一行： 按照图解规律编织至最后。

重复最后2行1次［5（7：9：11）针］。

收掉余下的针目。

从反面接线，编织左侧肩膀的针目，参考右侧肩膀的减针方法对称完成这一侧的肩膀。

袖子

使用3.5毫米棒针及A线，起38（40：42：44）针。

基础行（反面行）： 每一针都织扭上针，直到结束。

行1及行2： 使用A线，* 下1，上1，从*开始重复至最后。

行3–6： 使用B线，* 下1，上1，从*开始重复至最后。

行7–10： 使用C线，* 下1，上1，从*开始重复至最后。

行11–14： 使用D线，* 下1，上1，从*开始重复至最后。

行15–17： 使用E线，* 下1，上1，从*开始重复至最后。

行18： 使用E线，编织2（3：4：6）针单罗纹，*扭加针，编织4针单罗纹针，从*开始重复至最后余4（5：6：6）针，编织单罗纹针至最后［46（48：50：52）针］。

换成4.5毫米棒针。

按照你所选择的尺寸的正确起止点，编织图解B的行1。

继续按照图解B编织，在一行的两端各加1针，每4行加一次，直到棒针上的针数加至88（90：94：98）针，加针时应按照图解中所指示的颜色来编织［88（90：94：98）针］。

按原有的图案规律，不加针不减针编织至作品长度离起针边缘约47（48：48：49）厘米。

（**提示：**图解B包含了一处无加针无减针的区域，以帮助你建立图案规律，但是为了确保尺寸正确，你可能需要多织或少织若干行。）

松松地收掉所有针目。

作品整理

使用平针接合的方法，缝合左侧肩膀（见第39页）。

领边

使用3.5毫米棒针，从作品的正面接上C线，沿着后领口挑织42针下针，沿着前领口均匀地挑织70针下针（112针）。

使用C线，编织2行单罗纹针。

使用A线，编织2行单罗纹针。

使用B线，编织2行单罗纹针。

使用D线，编织2行单罗纹针。使用A线收针。

将每一块织片按所需尺寸定型（见第40–41页）。

使用挑针缝合的方法（见第39页）接缝织片的以下位置：接合右侧肩膀；将袖山中心点仔细地对齐肩膀接缝处，进行绱袖；缝合侧边和袖筒。

藏好所有线头（见第38页）。

农场儿童连衣裙

这件儿童连衣裙使用了不同配色编织技术的组合，蓝鸟图案用在底边时使用了费尔岛提花技巧，用在口袋时使用了纵向渡线（嵌花）技巧。胸部和袖口边有重复的费尔岛提花图案，使用大胆的颜色增加了连衣裙的趣味。这是一件可爱的作品，可作为礼物送给你生命中那位特别的小女孩。

线材

- Lang Merino 150细线，或粗细相同的100%美丽诺羊毛；50克/150米；生产商的编织密度参考27针×37行，使用3.25毫米棒针
  - 1（2：2：2：2）0272或绿松石色（A）
  - 3（4：4：4：5）0162或鲜红色（B）
  - 1团0029或鲑肉色（C）
  - 1团0109或亮粉色（D）
  - 1团0116或绿色（E）
  - 1团0045或淡紫色（F）

工具

- 3副直棒针
  - 3毫米
  - 3.25毫米
  - 3.5毫米
- 缝针

其他

- 2枚纽扣
- 别针
- 记号扣

作品的编织密度

23针×28行，使用3.25毫米棒针

教程提示：

编织蓝鸟图案时（见第96和97页的图解A和B），要将不参与编织、松散地浮在反面的毛线进行夹线。每隔几针就用那些正在使用的颜色去缠绕不使用的颜色，以避免产生过长的渡线（见第29页）。

尺寸表格

	尺寸1 12–18个月	尺寸2 18–24个月	尺寸3 2–3岁	尺寸4 3–4岁	尺寸5 4–5岁
适合胸围（厘米）	57	62	65	72	78
实际胸围（厘米）	41	45	50	56	64
实际至肩膀长度（厘米）	18	20	22	25	28
实际袖长（厘米）	31	34	38	43	50
至腋下长度（厘米）	18.5	20	21.5	24	26.5

图解（第一套）

- A 线（0272或绿松石色）
- B 线（0162或鲜红色）
- C 线（0029或鲑肉色）
- D 线（0109或亮粉色）
- E 线（0116或绿色）
- F 线（0045或淡紫色）

- 收针
- 下针右上 2 并 1
- 下针左上 2 并 1
- 图案重复

图解D：胸部图案（仅适用于尺寸1）

图解C：袖子

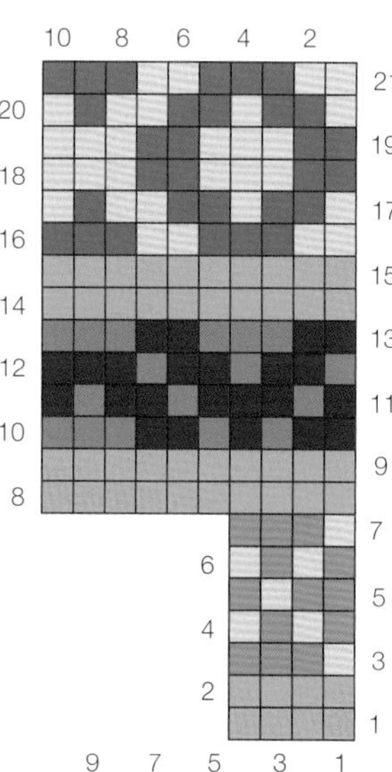

图解D：胸部图案（仅适用于尺寸2）

图解（第二套）

- A 线（0272或绿松石色）
- B 线（0162或鲜红色）
- C 线（0029或鲑肉色）
- D 线（0109或亮粉色）
- E 线（0116或绿色）
- F 线（0045或淡紫色）

- 收针
- 下针右上2并1
- 下针左上2并1
- 图案重复

- 仅适用于尺寸1
- 仅适用于尺寸2
- 仅适用于尺寸3
- 仅适用于尺寸4
- 仅适用于尺寸5

图解A：下摆边饰图案

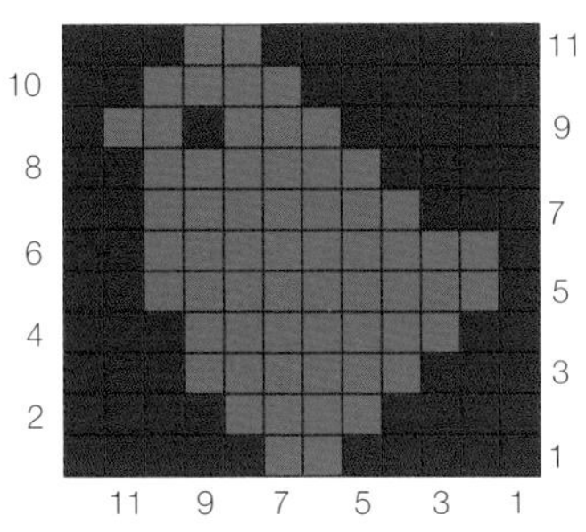

图解B：口袋（仅适用于尺寸4和5）

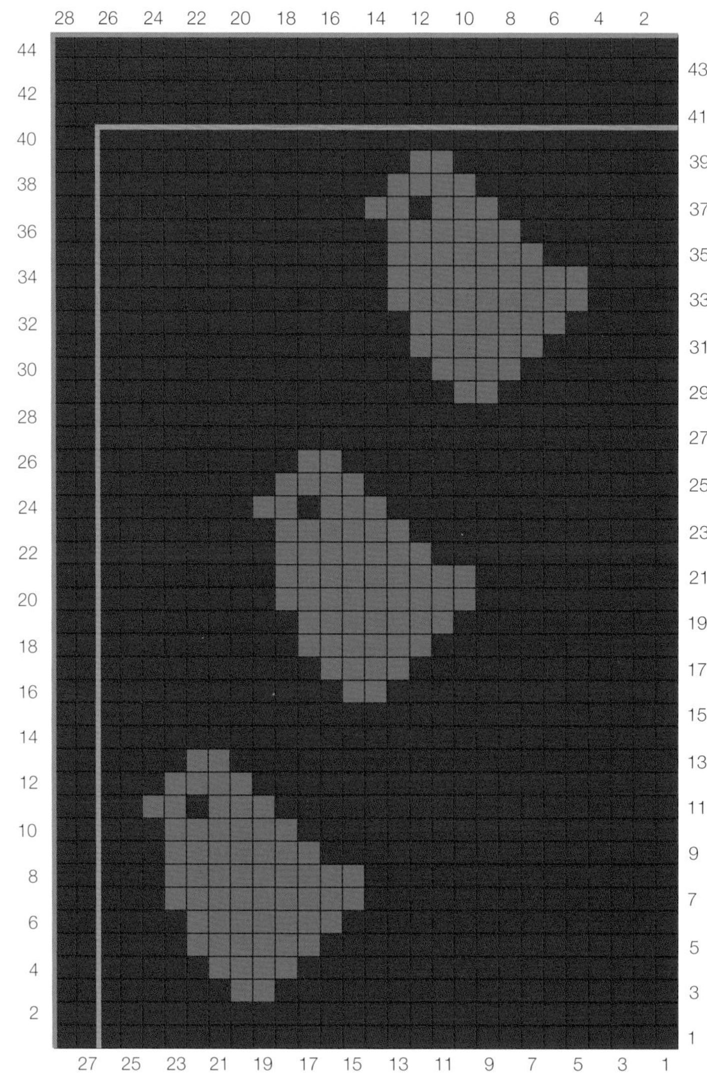

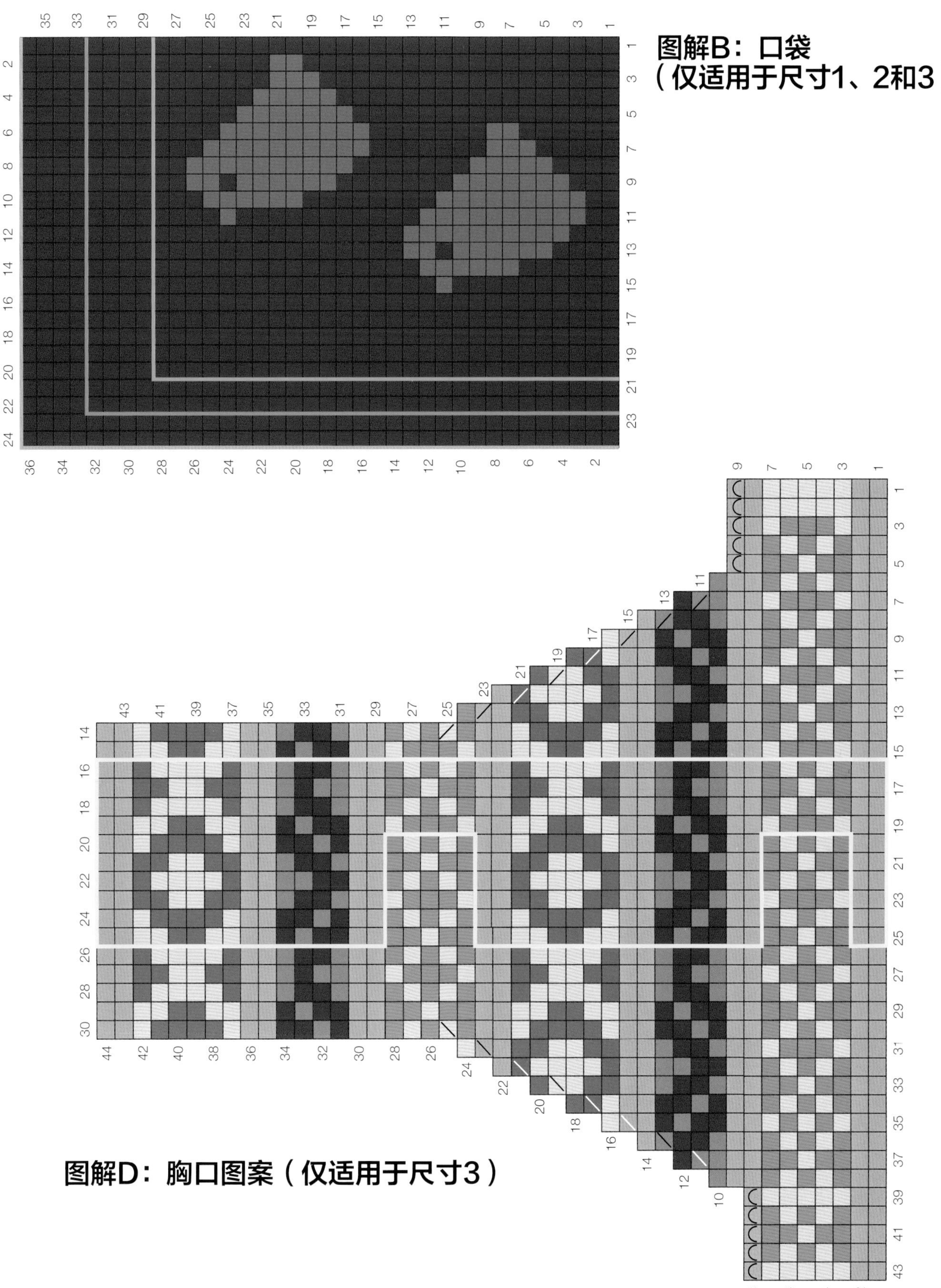

图解B：口袋（仅适用于尺寸1、2和3）

图解D：胸口图案（仅适用于尺寸3）

图解（第三套）

- A 线（0272 或绿松石色）
- B 线（0162 或鲜红色）
- C 线（0029 或鲑肉色）
- D 线（0109 或亮粉色）
- E 线（0116 或绿色）
- F 线（0045 或淡紫色）
- 收针
- 下针右上 2 并 1
- 下针左上 2 并 1
- 图案重复

图解D：胸口图案（仅适用于尺寸4）

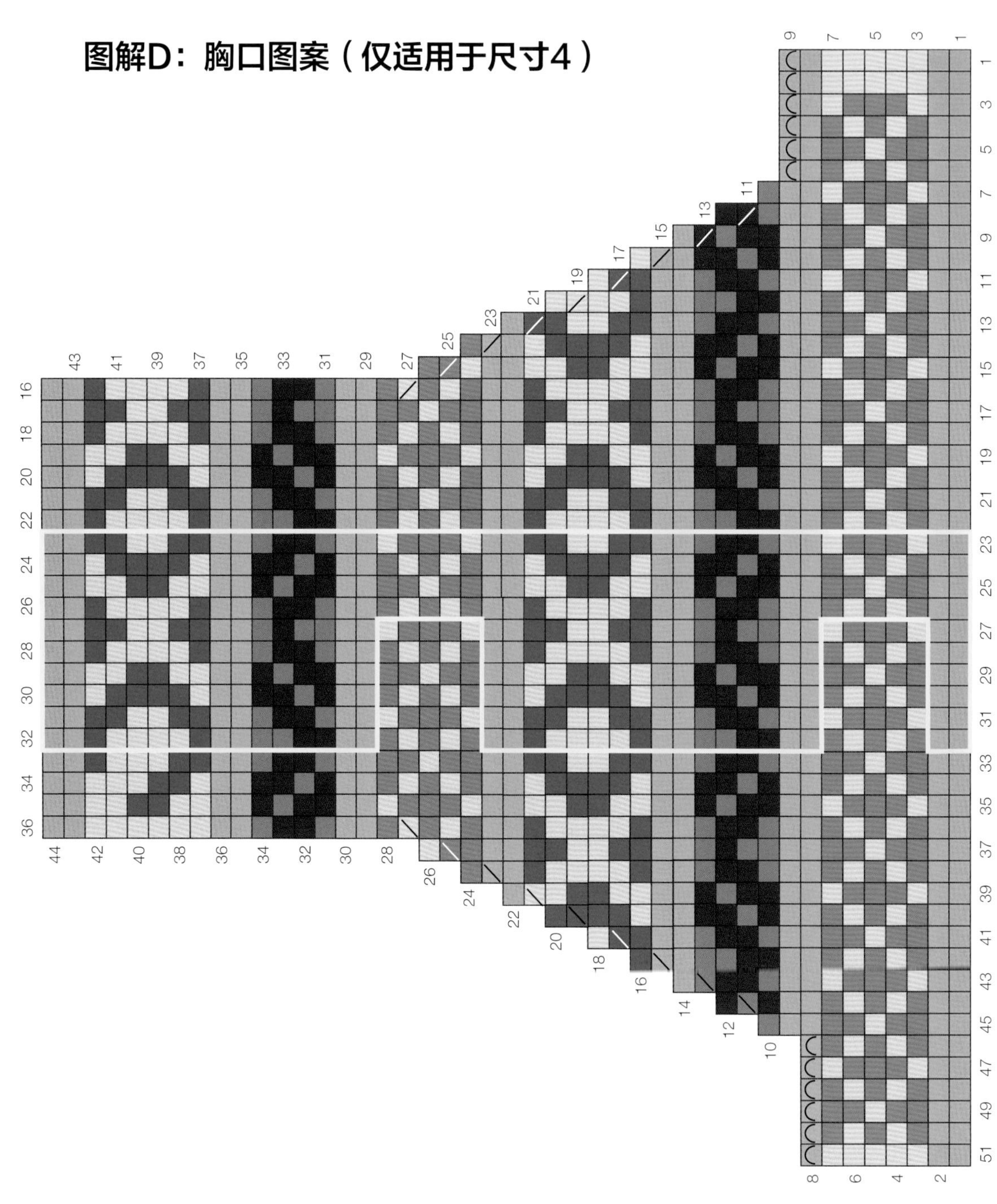

图解D：胸口图案（仅适用于尺寸5）

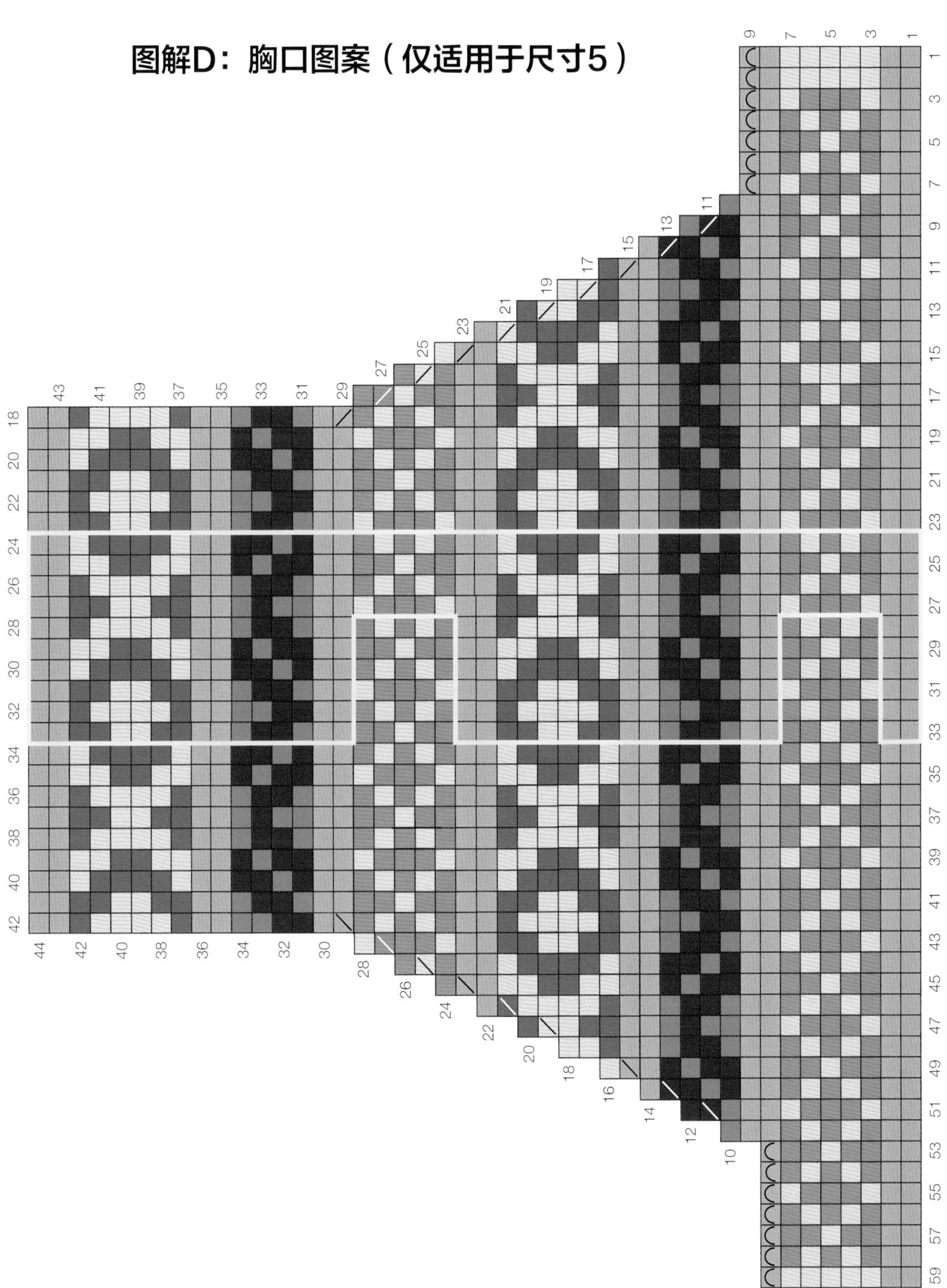

教程

后片

使用3毫米棒针及A线起97（105：110：120：130）针。

编织5行下针。

停用A线。

换成3.25毫米棒针及B线。

从一行正面编织的下针行开始，编织6行平针。

按照你所选择的尺寸，建立图解A的边针编织规律，方法如下：

行1（正面行）： 下1（4：1：0：5）B，编织图解A的行1共8（8：9：10：10）次，下0（5：1：0：5）B。

行2（反面行）： 上0（5：1：0：5）B，编织图A的行2共8（8：9：10：10）次，上1（4：1：0：5）B。

继续按照图案规律编织图解A的下一行，保持边针的规律，直到图解织完。

停用A线。

仅使用B线，继续编织至后片离起针边缘长约28（31：35：40：47）厘米，结束于一行正面行。

减针行（反面行）： 上2（2：2：3：4），[上针左上2并1，上2] 23（25：26：28：30）次，上针左上2并1，上1（1：2：3：4）[73（79：83：91：99）针]。

停用B线。

换成C线编织2行平针。

换成3.5毫米棒针。

按照图解D开始编织，方法如下：

行3（正面行）： 按照你所选择的尺寸，按照图解D的行3编织到结束。

行4（反面行）： 编织图解D的下一行。

编织按照图解D的图案规律编织，当图解D完成时，袖窿的减针也完成了。[53（55：57：61：65）针]。

仅使用B线，继续编织平针，直到后片长度离起针边缘约41（45：50：56：64）厘米，结束于一行反面行。

编织斜肩

于下2行的编织起点收掉12（12：13：14：15）针。

将余下的29（31：31：33：35）针移到别针上休针作为后领口。

前片

同后片一样编织，直到前片的长度离起针边缘约35（39：44：49：57）厘米，结束于一行反面行。

左前肩膀

保持图解D的图案规律正确，继续编织后片，与此同时，编织领口减针，方法如下：

下一行（正面行）： 按照图解规律编织18（18：19：20：21）针，翻面，仅编织左肩膀的针目，余下的针目移到别针上休针待用。

下一行（反面行）： 按照图解规律编织至最后。

下一行（正面行）： 按照图解规律编织到最后余2针，下针左上2并1（减1针）。

重复最后2行，直到针数余12（12：13：14：15）针。

不加针不减针按照图案规律编织，直到前片的长度与后片斜肩开始处长度匹配。

收掉12（12：13：14：15）针。

右前肩膀

保留前领口中间的17（19：19：21：23）针在别针上，从正面接线，编织右前肩膀余下的18（18：19：20：21）针。

下一行（正面行）： 按照图解规律编织至最后。

下一行（反面行）： 按照图解规律编织至最后。

下一行（正面行）： 下针右上2并1，按照图解规律编织至最后（减1针）。

重复前2行，直到余12（12：13：14：15）针。

不加针不减针编织，直到前片的长度与后片斜肩开始处长度匹配。
收针。

袖子

制作两只袖子

使用3毫米棒针及A线起36（38：40：44：48）针。
编织5行下针。
停用A线。
换成3.25毫米棒针。
（**提示：**在开始之前，请仔细阅读教程接下来的部分，因为有多套指引需要结合起来编织。）
接上C线，建立图案规律，方法如下：
（**提示：**在编织图解部分的时候，使用合适的颜色来编织所有的边针，例如，行1及行2使用C线，行3–7使用E线或D线，以此类推。当我们按照图解规律进行加针时，你可能会结束在一个并非完整重复的位置，请利用图解作为指引，注意保持图案的正面和反面规律正确。）
行1（正面行）：下2（3：0：0：0），编织图解C的行1，直到最后余2（3：0：0：0）针，下2（3：0：0：0）。
行2（反面行）：上2（3：0：0：0），编织图解C的行2，直到最后余2（3：0：0：0）针，上2（3：0：0：0）。
按照原有的图案规律，编织图解C的余下17行，然后编织平针的条纹配色图，方法如下：使用C线编织2行，使用B线编织8行。
与此同时，在图解C的第5行开始袖子的加针，方法如下，注意加出来的针目也要按照图解规律编织：
加针行（正面行）：kfb加针，按照图解规律编织到最后余1针，kfb加针（加2针）。重复此加针行，每6行加针一次，直到针数加至52（56：60：68：74）针。
不加针不减针继续编织，直到袖子长度离起针边缘约18（20：22：25：28）厘米，结束于一行反面行。
停用C线，仅使用B线，继续编织平针。

袖山减针

于下2行的编织起点收掉4（5：5：6：7）针［44（46：50：56：60）针］。
下一行（正面行）：全部编织下针。
下一行（反面行）：全部编织上针。
下一行：下2，下针右上2并1，下针编织到最后余4针，下针左上2并1，下2（减2针）。
下一行：全部编织上针。
重复前4行，直到针数减至38（40：42：48：50）针。
继续编织0（2：0：2：0）行平针。
于下一行的编织起点收掉3针，连续收掉8（8：8：10：10）行［14（16：18：18：20）针］。
收掉所有针目。

口袋

制作两片

使用3.25毫米棒针及C线，起20（22：24：26：28）针。
按照你所选择的尺寸，按照图解B所指示的结束点，编织行1–28（32：36：40：44）。
换成3毫米棒针，编织4行下针。
扣眼行（正面行）：下8（9：10：11：12），下针左上2并1，连续编织2圈挂针，下针右上2并1，下8（9：10：11：12）。
下一行（反面行）：下9（10：11：12：13），将遇到的第1针挂针织下针，将第2针挂针织扭下针，下针编织至最后。
编织3行下针。
收掉所有针目。

领边

使用挑针缝合法，缝合右肩膀（见第39页）。
使用B线及3.25毫米棒针，从正面接线，从前领口左下方挑织15（15：17：17：19）针下针，从前领口休针的别针上挑织17（19：19：21：23）针下针，从前领口右上方挑织15（15：17：17：19）针下针，从后领口休针的别针上挑织29（31：31：33：35）针下针［76（80：84：88：96）针］。
编织5行下针。
收掉所有针目。

作品整理

将每一块织片按所需尺寸定型（见第40–41页）。
使用挑针缝合的方法（见第39页）接缝织片的以下位置：接合左侧肩膀及领边的接缝处；调整好袖山的吃势，对齐袖窿来绱袖；缝上口袋。在口袋的下方，正对着扣眼缝上纽扣（见第43页）。藏好所有线头（见第38页）。

费尔岛大图案

费尔岛大图案不同于其他类型的费尔岛图案，因为这些设计是用固定的针数在同一行里重复来创造的。通常，它们由若干个或小或大的图案组合而成，以创造整体的效果。大图案通常在一件作品里重复多次，要么使用单一的一套颜色，要么多种配色交替编织相同的图案，以创造令人印象深刻的效果。

所有的样片都是用Jamieson's of Shetland Spindrift和3.25毫米棒针编织的。

注意：作品中除了格子图解，还包含了与图解对应的文字说明。但文字说明可能过于累赘，阅读图解会更轻松。

伊丽莎白玫瑰

这个图案的灵感来自我们花园里的一朵玫瑰。制作玫瑰披肩（见第142–145页）的时候，我使用了与图解相同的设计，只是稍微调整了间距。下方的样片我将主图案在左边又重复了一次，在上方一共重复了2次。这个图案为15针一重复，我在上下的花样重复之间用A线多织了一行。

图解

- A 线（苔藓 Lichen）
- B 线（铜 Copper）
- C 线（绿色精灵 Leprechaun）
- D 线（芥末黄 Mustard）

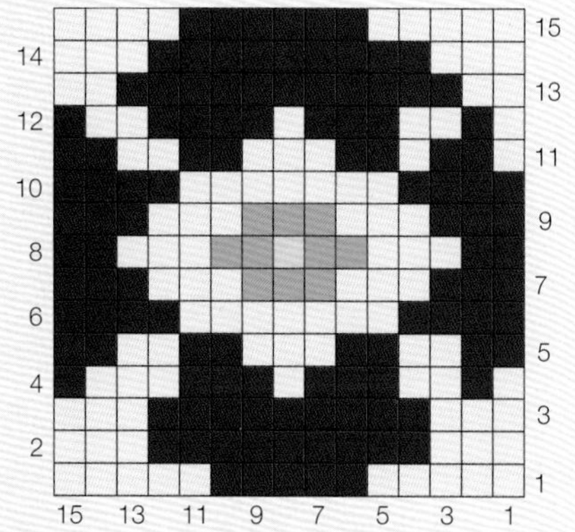

行1： 下5A，下5B，下5A。
行2： 上3A，上9B，上3A。
行3： 下3A，下9B，下3A。
行4： 上1B，上3A，上3B，上1A，上3B，上2A，上1B，上1A。
行5： 下2B，下2A，下2B，下3A，下2B，下2A，下2B。
行6： 上4B，上7A，上4B。
行7： 下3B，下3A，下3C，下3A，下3B。
行8： 上2B，上3A，上2C，上1D，上2C，上3A，上2B。
行9： 如行7。
行10： 如行6。
行11： 下1A，下2B，下1A，下2B，下3A，下2B，下2A，下2B。
行12： 上1B，上2A，上4B，上1A，上3B，上2A，上1B，上1A。
行13： 下2A，下11B，下2A。
行14： 如行2。
行15： 下5A，下6B，下4A。

配色变化

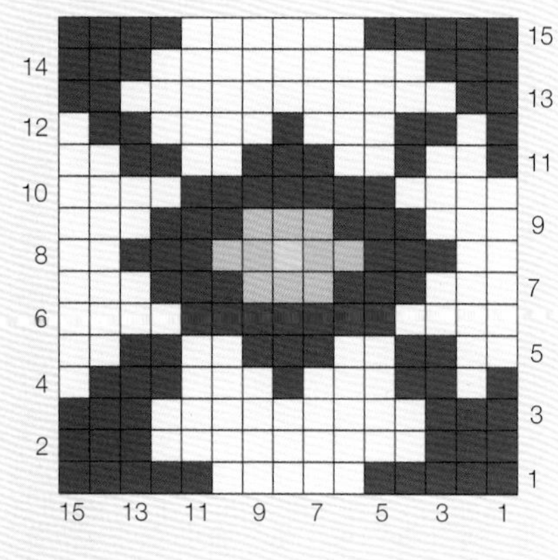

千鸟格

这是传统羊毛面料的经典图案，我在这里将它调整成适合编织的图解。4针的图案重复使它很容易被运用在许多设计中。千鸟格图案的典型配色是黑色和白色，但如今有大量令人惊艳的现代设计，是用不同的双色创造出来的。

图解

- A线（南瓜 Pumpkin）
- B线（锈红 Rust）

行1： 下2A，下1B，下1A。
行2： 上1A，上3B。
行3： 下1A，下3B。
行4： 上2A，上1B，上1A。

配色变化

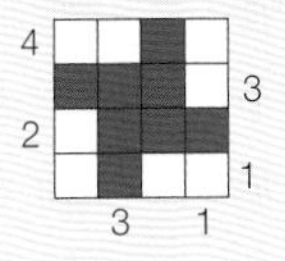

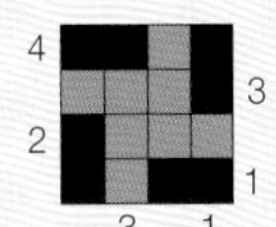

坎皮恩花

这个图案在多色编织的时候看起来非常棒，但你也可以按自己的想法，在B色到F色中取一个颜色，创造出一个简单的双色设计。这个图案为29针一重复。

图解

- A 线（鹅卵石 Pebble）
- B 线（普鲁士蓝 Prussian Blue）
- C 线（猩红色 Scarlet）
- D 线（毛茛 Buttercup）
- E 线（澳洲青苹果 Granny Smith）
- F 线（橘子 Tangerine）

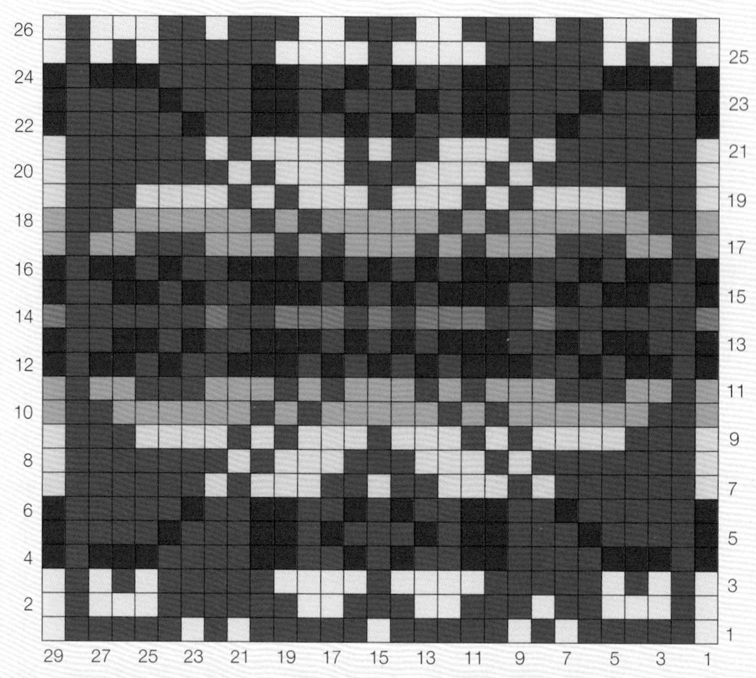

行1： 下1A，下5B，下1A，下1B，下1A，下5B，下1A，下5B，下1A，下1B，下1A，下5B，下1A。

行2： 上1A，上1B，上3A，上6B，上2A，上3B，上2A，上3B，上1A，上2B，上3A，上1B，上1A。

行3： 下1A，下1B，下1A，下1B，下1A，下5B，下4A，下1B，下4A，下5B，下1A，下1B，下1A，下1B，下1A。

行4： 上1C，上1B，上3C，上4B，上2C，上2B，上1C，上1B，上1C，上2B，上2C，上4B，上3C，上1B，上1C。

行5： 下1C，下4B，下1C，下3B，下2C，下1B，下1C，下3B，下1C，下1B，下2C，下3B，下1C，下4B，下1C。

行6： 上1C，上5B，上1C，上2B，上2C，上2B，上1C，上1B，上1C，上2B，上2C，上2B，上1C，上5B，上1C。

行7： 下1D，下6B，下1D，下1B，下3D，下2B，下1D，下2B，下3D，下1B，下1D，下6B，下1D。

行8： 上1D，上7B，上1D，上1B，上3D，上3B，上3D，上1B，上1D，上7B，上1D。

行9： 下1D，下3B，下4D，下1B，下1D，下1B，下3D，下1B，下3D，下1B，下1D，下1B，下4D，下3B，下1D。

行10： 上1E，上2B，上6E，上1B，上1E，上1B，上5E，上1B，上1E，上1B，上6E，上2B，上1E。

行11： 下1E，下1B，下2F，下3B，下3E，下1B，下1E，下1B，下3E，下1B，下1E，下1B，下3E，下3B，下2E，下1B，下1E。

行12： 上1C，上1B，上2C，上1B，上1C，上2B，上3C，上1B，上1C，上1B，上1C，上1B，上1C，上1B，上3C，上2B，上1C，上1B，上2C，上1B，上1C。

行13： 下1C，下2B，下2C，下1B，下1C，下2B，下3C，下1B，下1C，下1B，下1C，下1B，下3C，下2B，下1C，下1B，下2C，下2B，下1C。

行14： 上1F，上6B，上1F，上2B，上3F，上1B，上1F，上1B，上3F，上2B，上1F，上6B，上1F。

行15： 如行13。

行16： 如行12。

行17： 如行11。

行18： 如行10。

行19： 如行9。

行20： 如行8。

行21： 如行7。

行22： 如行6。

行23： 如行5。

行24： 如行4。

行25： 如行3。

行26： 如行2。

配色变化

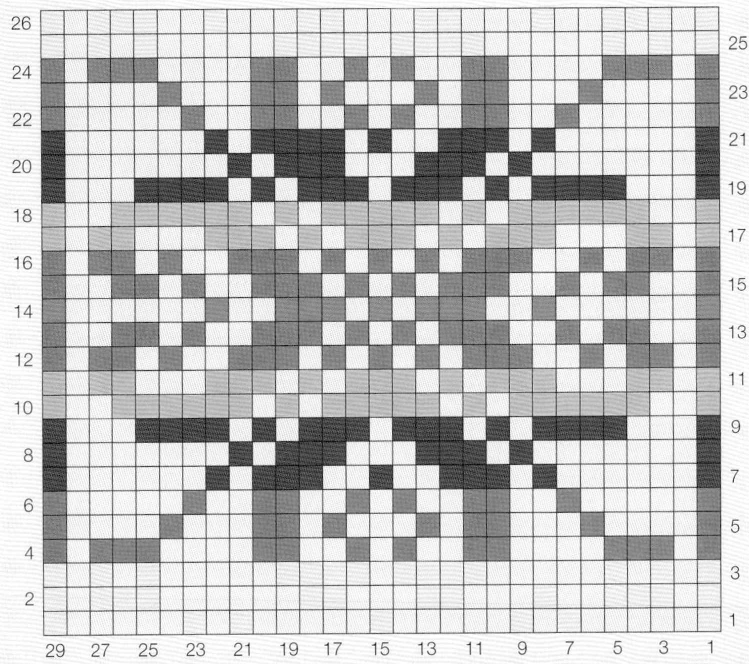

圆点

小圆点总是充满趣味，而且它们很容易与其他小的设计搭配在费尔岛编织中。我把这个图案作为单独的一排用在我的两个设计中：坎皮恩花育克毛衣（见第76–81页）和提花袜子（见第82–85页）。从你的围线里拿出一些零线团来编织此图案，尝试让颜色变得狂野起来！这个图案为7针一重复。

图解

- A 线（琉璃蛱蝶紫蓝 Admiral Blue）
- B 线（玉米田 Cornfield）
- C 线（樱桃 Cherry）

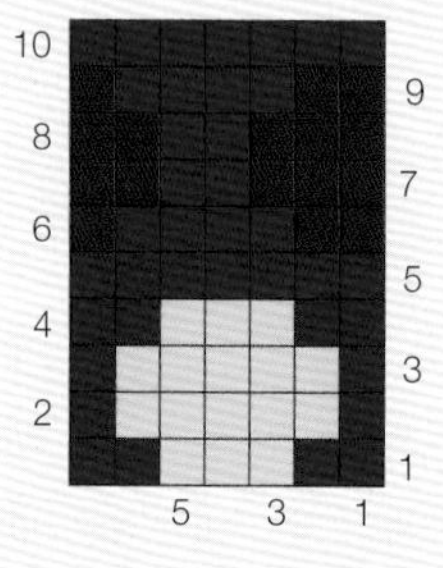

行1： 下2A，下3B，下2A。
行2： 上1A，上5B，上1A。
行3： 下1A，下5B，下1A。
行4： 上2A，上3B，上2A。
行5： 使用A线，全部编织下针。
行6： 上1C，上4A，上2C。
行7： 下3C，下2A，下2C。
行8： 上2C，上2A，上3C。
行9： 下2C，下4A，下1C。
行10： 使用A线，全部编织上针。

配色变化

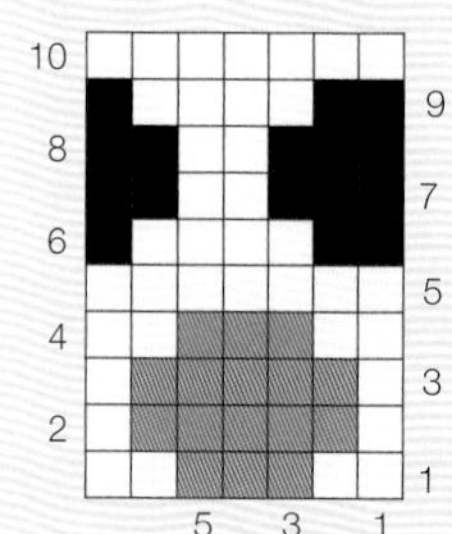

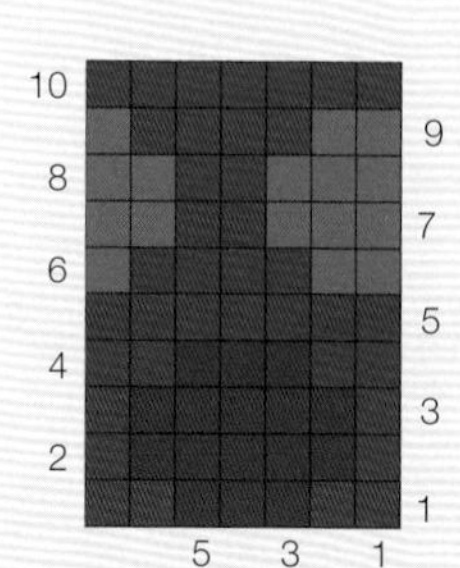

盾牌和十字

我为这款样片选择了秋天的颜色，因为我认为它们与设计非常契合。这个图案为12针一重复，样片中我在一行中重复编织了3次，并将9行的图案重复了2次，在两次重复之间织了一行B色。

图解

- A线（南瓜 Pumpkin）
- B线（绿色精灵 Leprechaun）

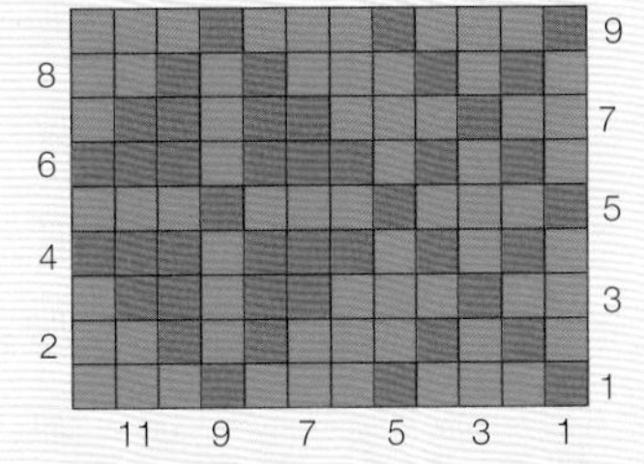

行1： 下1A，下3B，下1A，下3B，下1A，下3B。
行2： 上2B，上1A，上1B，上1A，上3B，上1A，上1B，上1A，上1B。
行3： 下2B，下1A，下3B，下2A，下1B，下2A，下1B。
行4： 上3A，上1B，上3A，上1B，上1A，上1B，上1A，上1B。
行5： 下1A，下3B，下1A，下3B，下1A，下3B。
行6： 上3A，上1B，上3A，上1B，上1A，上1B，上1A，上1B。
行7： 下2B，下1A，下3B，下2A，下1B，下2A，下1B。
行8： 上2B，上1A，上1B，上1A，上3B，上1A，上1B，上1A，上1B。
行9： 下1A，下3B，下1A，下3B，下1A，下3B。

配色变化

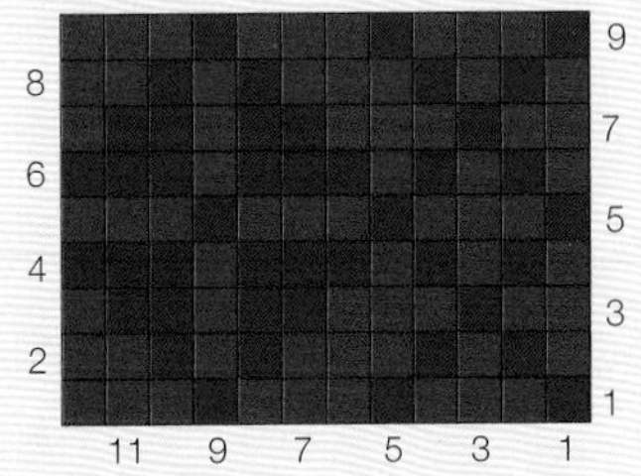

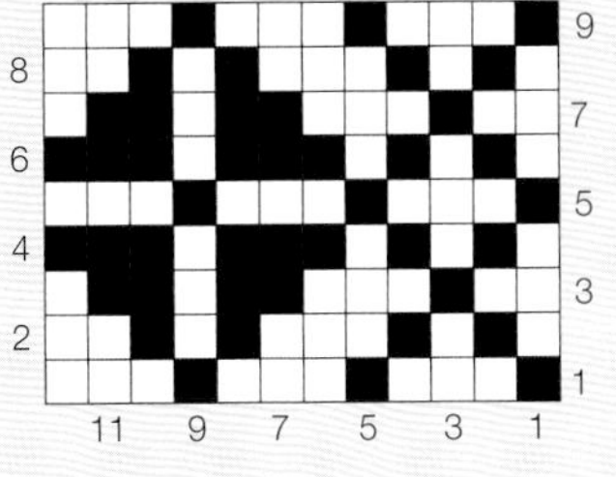

洛蒙德湖

这是一个比较复杂的样片，因为它结合了许多颜色和一个以上的图案。如果觉得有点难，那么可以通过减少颜色的使用来简化图案。这种图案非常适合用于成年人的马甲、毛衣或开襟外套，但我建议等你完全掌握了费尔岛编织的技巧后再使用这种图案。注意有个较小的图案（行1–5）是16针一重复，而整体图案是24针一重复。

图解

- A线（鹅卵石灰 Pebble Grey）
- B线（木炭 Charcoal）
- C线（雾 Mist）
- D线（淡红色 Damask）
- E线（洛蒙德湖 Lomond）
- F线（黄道带 Zodiac）
- G线（汽油 Petrol）

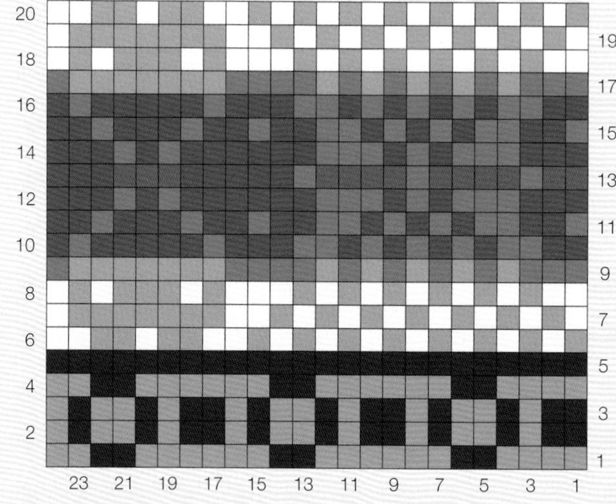

行1： 下4A，下2b，* 下6A，下2B，从*开始重复至最后余2针，下2A。

行2： 上1A，上1B * 上2A，上1B，上1A，上2B，上1A，上1B，从*开始重复至最后余6针，上2A，上1B，上1A，上2B。

行3： * 下2B，下1A，下1B，下2A，下1B，下1A，从*开始重复至最后。

行4： 上2A,* 上2B，上6A，从*开始重复至最后余6针，上2B，上4A。

行5： 使用B线，全部编织下针。

行6： 上2C，上2D，上1C，上2D，上2C，（上1D，下1C）7次，上1D。

行7：（下1C，下1D）7次，下2C，下7D，下1C

行8： 上1C，上1D，上1C，上3D，上1C，上1D，上3C，（上1D，上1C）6次，上1C。

行9： 下3E，（下1D，下1E）5次，下3E，下7D，下1E。

行10： 上1F，上1E，上5F，上1E，上3F，上2E，（上1F，上1E）4次，上1E，上2F。

行11： 下1E，下2F，下2E，（下1F，下1E）3次，下1E，下2F，下1E，下2F，下1E，下3F，下1E，下2F。

行12： 上3F，上1E，上1F，上1E，上6F，上3E，上1F，上1E，上1F，上3E，上3。

行13： 下2G，下1E，下4G，下1E，下4G，下1E，下5F，下3G，下3F。

行14： 如行12。

行15： 如行11。

行16： 如行10。

行17： 如行9。

行18： 如行8。

行19： 如行7。

行20： 如行6。

配色变化

提示：这些变化版本使用的颜色比主图案要少，左侧版本只使用了四个颜色，右侧版本使用了五个颜色。

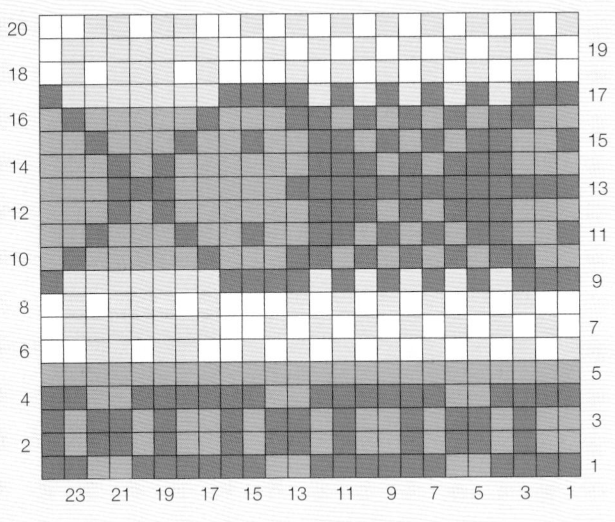

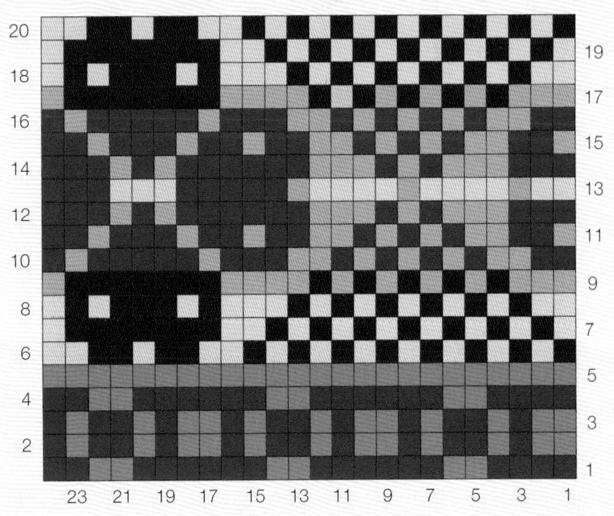

金雀花

这是一个简单的费尔岛大图案，样片只使用了两种颜色编织。然而，你可以通过改变每一个重复图案的配色来活跃设计。这个图案为10针一重复。

图解

A 线（雾 Mist）

B 线（紫罗兰 Violet）

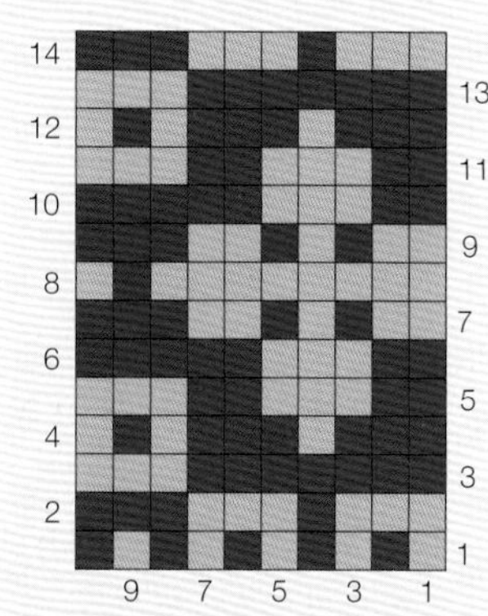

行1： * 下1A，下1B，从*开始重复至最后1针。

行2： 上3B，上3A，上1B，上3A。

行3： 下7B，下3A。

行4： 上1A，上1B，上1A，上3B，上1A，上3B。

行5： 下2B，下3A，下2B，下3A。

行6： 上5B，上3A，上2B。

行7： 下2A，下1B，下1A，下1B，下2A，下3B。

行8： 上1A，上1B，上8A。

行9： 如行7。

行10： 如行6。

行11： 如行5。

行12： 如行4。

行13： 如行3。

行14： 如行2。

种子

这是一个简单的费尔岛大图案，可以用于任何织物的整体设计。颜色可以是大胆的，也可以是微妙的，这取决于你想如何展现设计。这个图案被我用在提花袜子（见第82–85页）的设计中，和其他几个图案放在一起。这个图案为4针一重复。

图解

- A 线（天空 Sky）
- B 线（野生紫罗兰 Wild Violet）

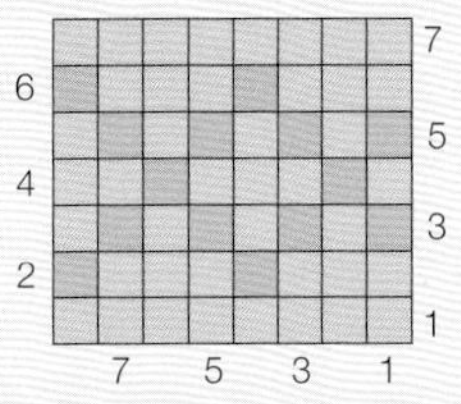

行1： 使用A线，全部编织下针。
行2： * 上1B，上3A，从*开始重复至最后。
行3： * 下1B，下1A，从*开始重复至最后。
行4： 上2A，上1B，上3A，上1B，上1A。
行5： 如行3。
行6： 如行2。
行7： 使用A线，全部编织下针。

配色变化

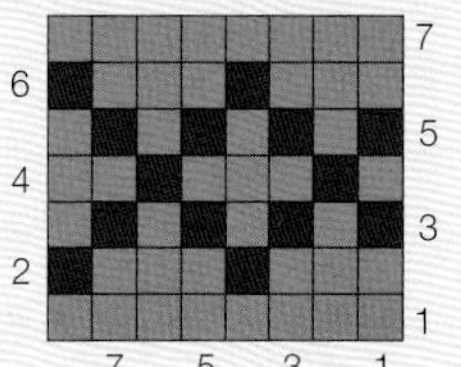

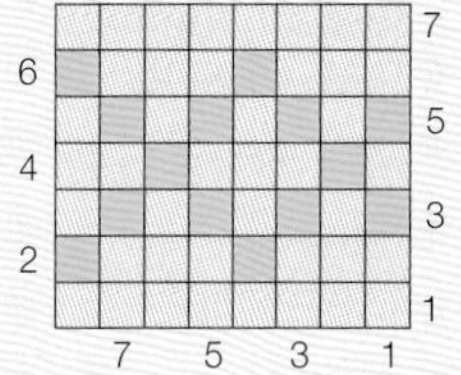

易洛魁人

这个费尔岛大图案由三种单独的图案结合在一起，正好展示了费尔岛设计可以是万能的：只要不同针数的组合能排进一行的针数中，你就可以组合不同的图案，创造出独特的设计。在这个图案中，它们很容易被结合在一起，因为最大的部分是18针的倍数，然后中间部分是9针一重复，最小部分为3针一重复。在36针的样片中，它们正好都能排进去。为了分割不同的区域，我使用了三种不同的颜色。

图解

- A 线（猩红色 Scarlet）
- B 线（绿色精灵 Leprechaun）
- C 线（孔雀 Peacock）

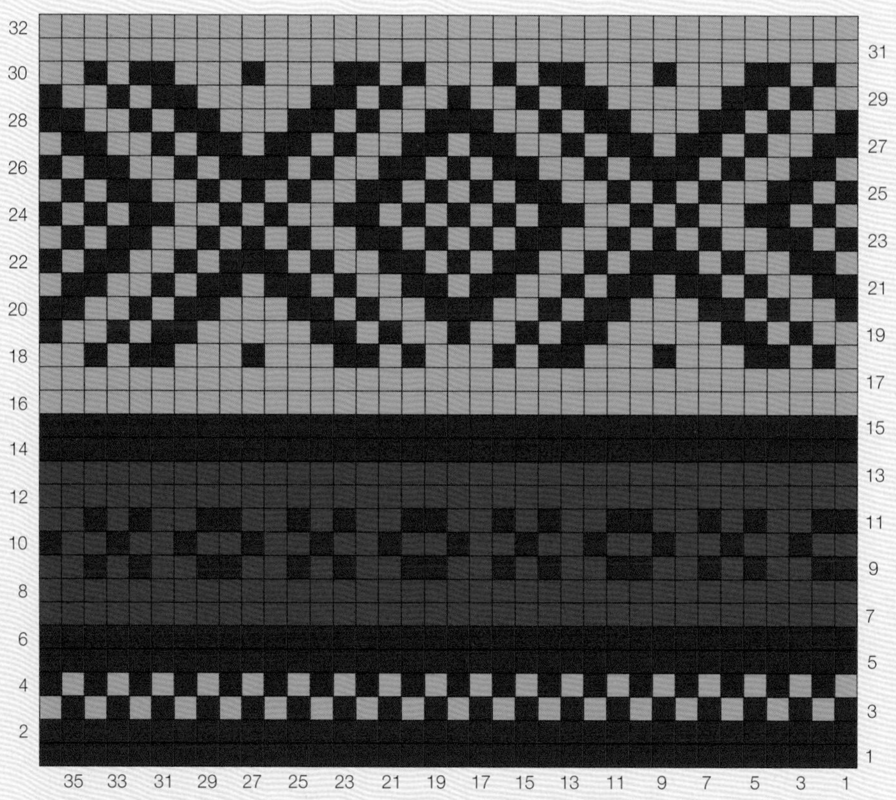

行1：使用A线，全部编织下针。
行2：使用A线，全部编织上针。
行3： * 下1A，下1B，从*开始重复至最后。
行4： * 上1A，上1B，从*开始重复至最后。
行5：使用A线，全部编织下针。
行6：使用A线，全部编织上针。
行7：使用C线，全部编织下针。
行8：使用C线，全部编织上针。
行9： * 下2A，下2C，下1A，下1C，下1A，下2C，从*开始重复至最后。
行10： * 上1A，上2C，从*开始重复至最后。
行11： * 下2A，下2C，下1A，下1C，下1A，下2A，从*开始重复至最后。
行12：使用C线，全部编织上针。
行13：使用C线，全部编织下针。
行14：使用A线，全部编织上针。
行15：使用A线，全部编织下针。
行16：使用B线，全部编织上针。
行17：使用B线，全部编织下针。
行18： * 上2B，上1A，上1B，上2A，上3B，上1A，上3B，上2A，上1B，上1A，上2B，从*开始重复至最后。
行19： * 下2B，下1A，下1B，下2A，下5B，下2A，下1B，下1A，下2B，下1A，从*开始重复至最后。
行20： * 上2A，上2B，上1A，上1B，上2A，上3B，上2A，上1B，上1A，上2B，上1A，从*开始重复至最后。
行21： * 下2A，下2B，下1A，下1B，下2A，下1B，下2A，下1B，下1A，下2B，下2A，下1B，从*开始重复至最后。
行22： * 上1A，上1B，上2A，上2B，上1A，上1B，上3A，上1B，上1A，上2B，上2A，上1B，从*开始重复至最后。
行23： * 下1A，下1B，下2A，下2B，下1A，下1B，下1A，下1B，下1A，下2B，下2A，下1B，下1A，下1B，从*开始重复至最后。
行24： * 上1A，上1B，上1A，上1B，上2A，上2B，上1A，上1B，上1A，上2B，上2A，上1B，上1A，上1B，从*开始重复至最后。
行25：如行23。
行26：如行22。
行27：如行21。
行28：如行20。
行29：如行19。
行30：如行18。
行31：如行17。
行32：如行16。

涟漪

这个费尔岛大图案是这本书中较大的图案之一，适合用在毛衣、手袋或马甲的设计中。可以在它的上面和下面添加一个简单的小边饰图案来增加更多的趣味性。这个图案为30针一重复。

图解

- A 线（铜 Copper）
- B 线（沙子 Sand）
- C 线（琉璃蛱蝶紫蓝 Admiral Blue）
- D 线（李子 Plum）
- E 线（澳洲青苹果 Apple Green）
- F 线（金雀花 Scotch Broom）

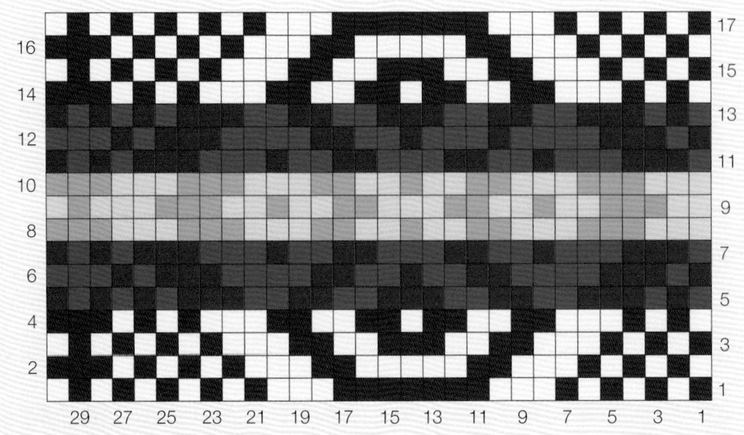

行1:（下1A，下1B）4次，下2B，下7A，下3B，（下1A，下1B）5次。
行2: 上3A，（上1B，上1A）3次，上3B，上2A，上5B，上2A，上3B，（上1A，上1B）3次。
行3:（下1A，下1B）3次，下2B，下2A，下2B，下3A，下2B，下2A，下3B，（下2A，下2B）4次。
行4: 上3A，上1B，上1A，上1B，上1A，上3B，上2A，上2B，上2A，上1B，上2A，上2B，上2A，上3B，上1A，上1B，上1A，上1B。
行5: 下1C，下1D，下1C，下3D，下2C，下2D，下2C，下3D，下2C，下2D，下2C，下3D，（下1C，下1D）3次。
行6: 上3C，上1D，上1C，上3D，上4C，上2D，上2C，上1D，上2C，上2D，上4C，上3D，上1C，上1D。
行7: 下1C，下3D，下3C，下1D，下2C，下2D，下3C，下2D，下2C，下1D，下3C，下3D，下1C，下1D，下1C，下1D。
行8: 上3E，上3F，上3E，上3F，上2E，上2F，上1E，上2F，上2E，上3F，上3E，上3F。
行9: 下2F，下3E，下2F，下1E，下2F，下2E，下3F，下2E，下2F，下1E，下2F，下3E，下3F，下1E，下1F。
行10: 如行8。
行11: 如行7。
行12: 如行6。
行13: 如行5。
行14: 如行4。
行15: 如行13。
行16: 如行2。
行17: 如行1。

纳瓦霍人

这个图案的灵感来自纳瓦霍印花。它是16针的整数倍，并以A色为背景编织而成。样片中我在左边和上方各重复了一次这个图案。

图解

- A 线（绿色精灵 Leprechaun）
- B 线（金雀花 Scotch Broom）
- C 线（铜 Copper）
- D 线（钴蓝色 Cobalt）

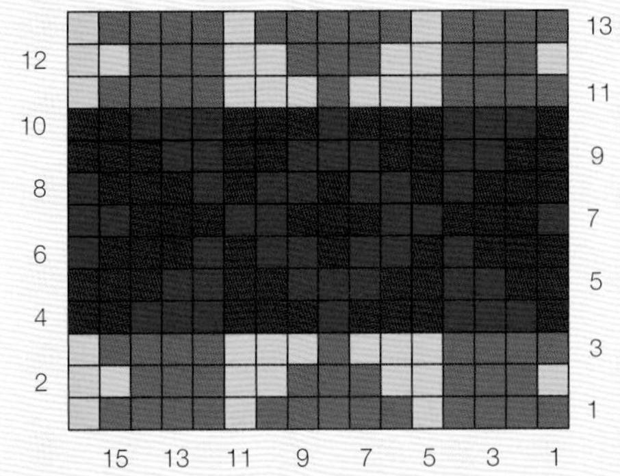

行1：下4A，下1B，下5A，下1B，下4A，下1B。
行2：上2B，上3A，上2B，上3A，上2B，上3A，上1B。
行3：下4A，下3B，下1A，下3B，下4A，下1B。
行4：上2C，上3D，上3C，上1D，上3C，上3D，上1C。
行5：下2C，下2D，下2C，下3D，下2C，下2D，下3C。
行6：上1D，上3C，上1D，上1C，上2D，上1C，上2D，上1C，上1D，上3C。
行7：下1D，下3C，下2D，下3C，下2D，下3C，下2D。
行8：如行6。
行9：如行5。
行10：如行4。
行11：如行3。
行12：如行2。
行13：如行1。

蓟

这个样片使用了四种颜色，给人一种充满活力的感觉。在完成了图解的11行之后，我使用背景色编织了一行，把图案放在正确的位置又重复了一次。这个图案是16针一重复。

图解

- A 线（金雀花 Scotch Broom）
- B 线（迷迭香 Rosemary）
- C 线（李子 Plum）
- D 线（犬蔷薇 Dog Rose）

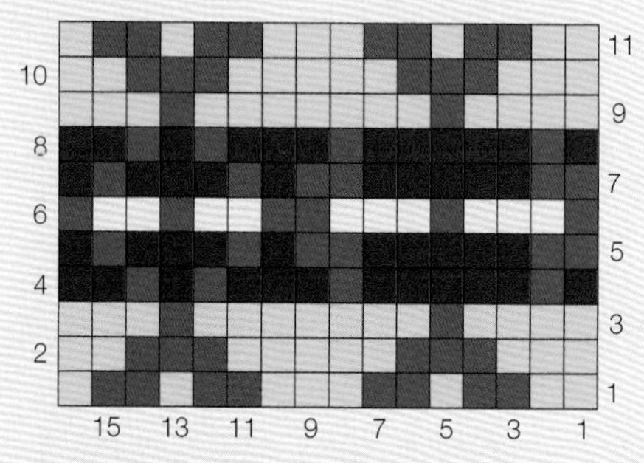

行1：下2A，下2B，下1A，下2B，下3A，下2B，下1A，下2B，下1A。
行2：上2A，上3B，上5A，上3B，上3A。
行3：下4A，下1B，下7A，下1B，下3A。
行4：上2C，上1B，上1C，上1B，上3C，上1B，上5C，上1B，上1C。
行5：下2B，下5C，下2B，下1C，下1B，下3C，下1B，下1C。
行6：上1B，上2D，上1B，上2D，上2B，上3C，上1B，上3C，上1B。
行7：如行5。
行8：如行4。
行9：如行3。
行10：如行2。
行11：如行1。

配色变化

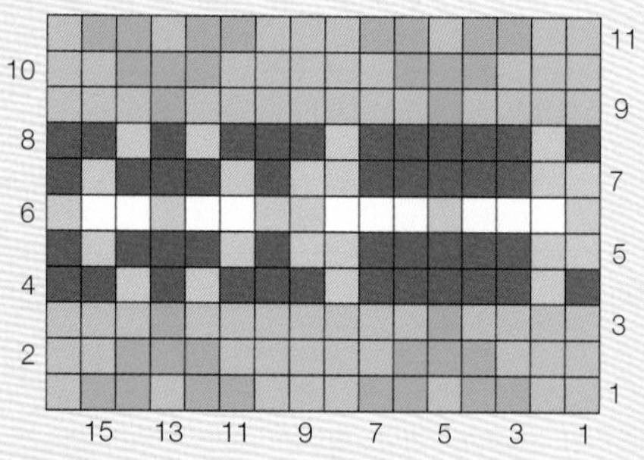

法罗

这是一个简单的费尔岛大图案，灵感来自位于设得兰群岛北部的丹麦法罗群岛。你可以很容易地将配色换成其他双色组合。这个图案是6针一重复。

图解

A 线（鹅卵石 Pebble）

B 线（猩红色 Scarlet）

行1： 下3A，下1B，下2A。
行2： 上1A，上1B，上1A，上1B，上2A。
行3： 下1A，下1B，下3A，下1B。
行4： 上5A，上1B。
行5： 下1A，下1B，下3A，下1B。
行6： 上1B，上3A，上1B，上1A。
行7： 下1B，下5A。
行8： 上1B，上3A，上1B，上1A。
行9： 下2A，下1B，下1A，下1B，下1A。

配色变化

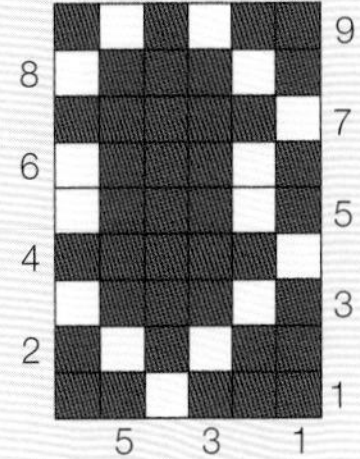

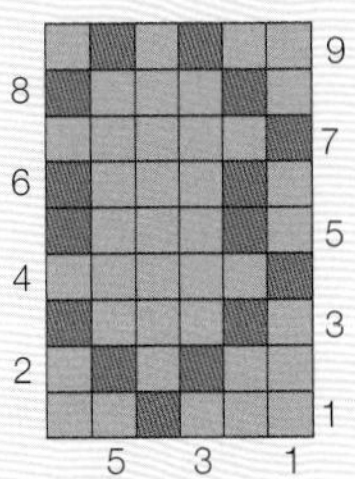

花朵

这是书中较大的费尔岛大图案之一。无论是单独使用，还是用在其他与之呼应的不同配色的边饰图案中间都很好看。这个图案为36针一重复。

图解

A 线（钴蓝色 Cobalt）

B 线（蛋壳 Eggshell）

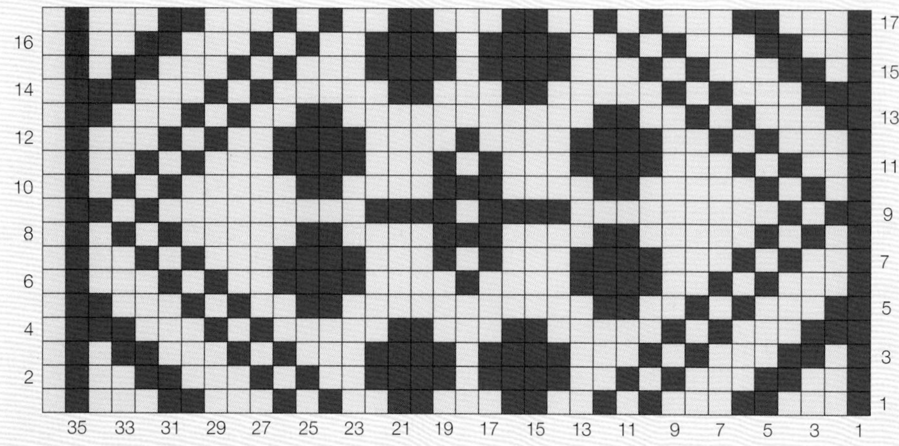

行1： 下1A，下3B，下2A，下3B，下1A，下1B，下1A，下2B，下2A，下3B，下2A，下2B，下1A，下1B，下1A，下3B，下2A，下3B，下1A，下1B。

行2： 上1B，上1A，上2B，上2A，上3B，上1A，上1B，上1A，上2B，上4A，上1B，上4A，上2B，上1A，上1B，上1A，上3B，上2A，上2B，上1A。

行3： 下1A，下1B，下2A，下3B，下1A，下1B，下1A，下3B，下4A，下1B，下4A，下3B，下1A，下1B，下1A，下3B，下2A，下1B，下1A，下1B。

行4： 上1B，上3A，上3B，上1A，上1B，上1A，上5B，上2A，上3B，上2A，上5B，上1A，上1B，上1A，上3B，上3A。

行5： 下2A，下3B，下1A，下1B，下1A，下2B，下2A，下11B，下2A，下2B，下1A，下1B，下1A，下3B，下2A，下1B。

行6： 上1B，上1A，上3B，上1A，上1B，上1A，上2B，上4A，上4B，上1A，上4B，上4A，上2B，上1A，上1B，上1A，上3B，上1A。

行7： 下1A，下2B，下1A，下1B，下1A，下3B，下4A，下3B，下1A，下1B，下1A，下3B，下4A，下3B，下1A，下1B，下1A，下2B，下1A，下1B。

行8： 上1B，上1A，上1B，上1A，上1B，上1A，上5B，上2A，上4B，上3A，上4B，上2A，上5B，上1A，上1B，上1A，上1B，上1A。

行9： 下2A，下1B，下1A，下9B，下4A，下1B，下4A，下9B，下1A，下1B，下2A，下1B。

行10： 如行8。

行11： 如行7。

行12： 如行6。

行13： 如行5。

行14： 如行4。

行15： 如行3。

行16： 如行2。

行17： 如行1。

星星和十字

这个图案让我想起了阿兹台克人的设计，样片的颜色尤其典型。我认为这是很适合用在枕头套或斗篷的图案。

图解

- A 线（象牙 Ivory）
- B 线（木炭 Charcoal）
- C 线（茜草 Madder）
- D 线（铜 Copper）

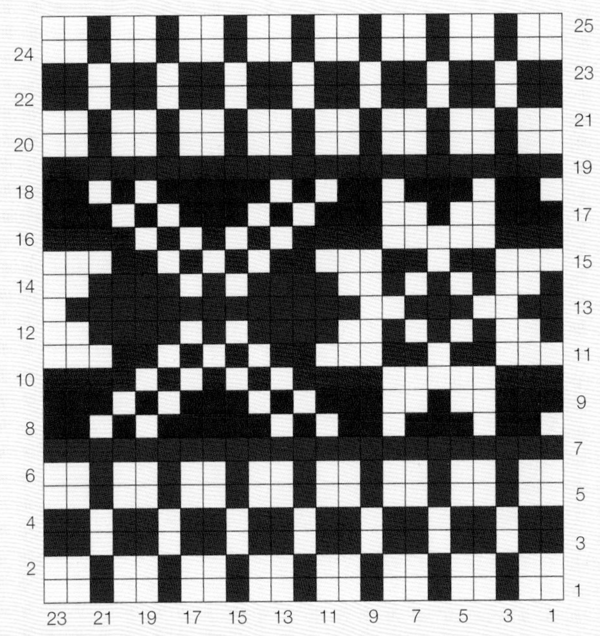

行1： * 下2A，下1B，从*开始重复至最后余2针，下2A。
行2： * 上2A，上1B，从*开始重复至最后余2针，上2A。
行3： * 下2B，下1A，从*开始重复至最后余2针，下2B。
行4： * 上2B，上1A，从*开始重复至最后余2针，上2B。
行5： 如行1。
行6： 如行2。
行7： 使用B线，全部编织下针。
行8： 上2C，上1A，上1C，上1A，上5C，上1A，上1C，上1A，上2C，上1A，上3C，上1A，上2C，上1A。
行9： 下3C，下2A，下1C，下2A，下3C，下1A，下1C，下1A，下3C，下1A，下1C，下1A，下3C。
行10： 上4D，上1A，上1D，上1A，上1D，上1A，上1D，上1A，上4D，上5A，上3D。
行11： 下3A，下2D，下1A，下2D，下3A，下2D，下1A，下1D，下1A，下1D，下1A，下2D，下3A。
行12： 上2A，上4B，上1A，上1B，上1A，上4B，上2A，上1B，上1A，上1B，上1A，上1B，上2A，上1B。
行13： 下2B，下2A，下3B，下2A，下13B，下1A。
行14： 如行12。
行15： 如行11。
行16： 如行10。
行17： 如行9。
行18： 如行8。
行19： 如行7。
行20： 如行2。
行21： 如行1。
行22： 如行4。
行23： 如行3。
行24： 如行2。
行25： 如行1。

剑

我决定在这款样片上使用柔和的颜色，因为我想将它用作马甲或毛衣设计的整体图案。这个图案为22针一重复。编织了11行之后，后面的重复里都不再编织图解的第1行，以使图案的重复更连贯。

图解

- A 线（洛蒙德湖 Lomond）
- B 线（蛋壳 Eggshell）
- C 线（苔藓 Lichen）
- D 线（露珠 Dewdrop）

行1： 下1A，下1B，下1A，下1B，下1A，下1B，下1A，下1B，下1A，下1B，下1A，下3B，下5A，下3B。
行2： 上2B，上2A，上3B，上2A，上3B，上1A，上1B，上1A，上1B，上1A，上1B，上1A，上1B，上1A，上1B。
行3： 下2B，下1A，下1B，下1A，下1B，下1A，下1B，下1A，下3B，下3A，下3B，下3A，下1B。
行4： 上4A，上3B，上4A，上3B，上1A，上1B，上1A，上1B，上1A，上3B。
行5： 下1C，下3D，下1C，下1D，下1C，下3D，下2C，下3D，下3C，下3D，下1C。
行6： 上1C，上3D，上3C，上3D，上2C，上4D，上1C，上4D，上1C。
行7： 如行5。
行8： 如行4。
行9： 如行3。
行10： 如行2。
行11： 如行1。
继续重复第2–11行，形成更大的图案。

码头

我曾经把这个图案作为一顶贝雷帽的整体图案。由于它相对较小，几乎可以用于任何针织作品中。在下方的样片中，先编织9行，在下一次重复开始前，织一行上针。这个图案为14针一重复。

图解

- A线（桦木 Birch）
- B线（鹪鹩 Wren）
- C线（米白色 / 白色 Eesit/White）

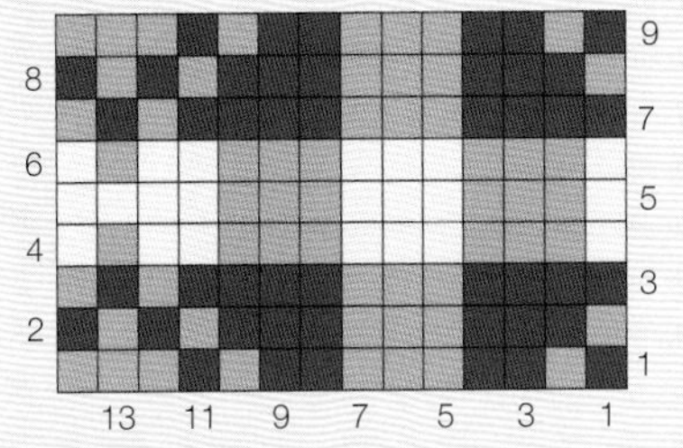

行1：下1A，下1B，下2A，下3B，下2A，下1B，下1A，下3B。
行2：上1A，上1B，上1A，上1B，上3A，上3B，上3A，上1B。
行3：下4A，下3B，下4A，下1B，下1A，下1B。
行4：上1C，上1B，上2C，上3B，上3C，上3B，上1C。
行5：下1C，下3B，下3C，下3B，下4C。
行6：如行4。
行7：如行3。
行8：如行2。
行9：如行1。

船锚

用在毛衣上，这是一个完美的整体图案。分区域改变图案的配色会带来有趣的感觉，如果你希望颜色简化，可以只使用四个颜色来编织：使用第一个颜色来编织船锚，用第二个颜色来编织周围的“修饰”，用第三个颜色编织边饰图案里的花样，用第四个颜色编织边饰的色调。这个图案为24针一重复。

图解

- A线（铜 Copper）
- B线（蛋壳 Eggshell）
- C线（绿色精灵 Leprechaun）
- D线（淡红色 Damask）
- E线（环礁湖 Lagoon）
- F线（猩红色 Scarlet）
- G线（玉米田 Cornfield）

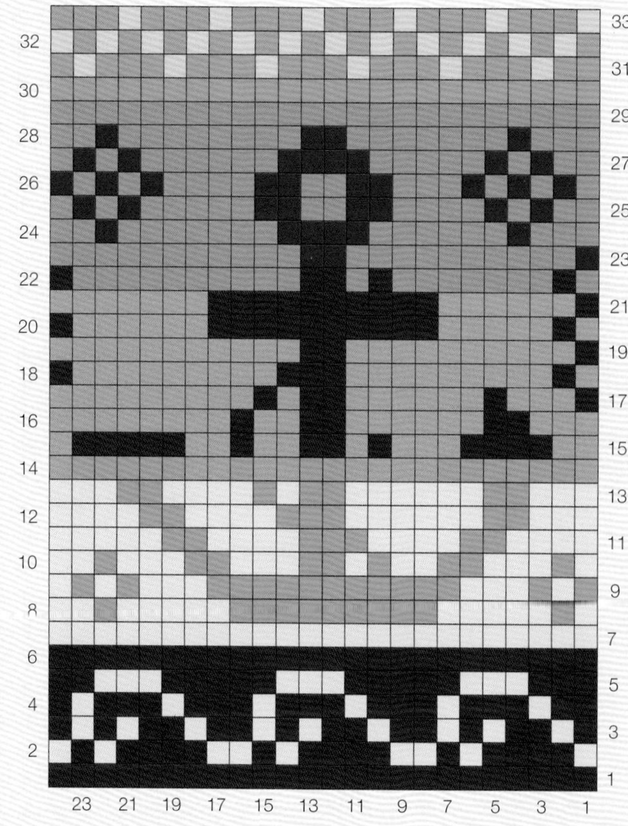

行1：使用A线，全部编织下针。
行2：上1B，上1A，上1B，上4A，上2B，上1A，上1B，上4A，上2B，上1A。上1B，上4A，上1B。
行3：下1A，下1B，下2A，下1B，下1A，下1B，下2A，下1B，下2A，下1B，下1A，下1B，下2A，下1B，下2A，下1B，下1A，下1B，下1A。
行4：上1A，上1B，（上3A，上1B）5次，上2A。
行5：下3A，（下3B，下5A）2次，下3B，下2A。
行6：使用A线，全部编织上针。
行7：使用B线，全部编织下针。
行8：上2B，上1C，上5B，上9C，上5B，上1C，上1B。
行9：下1C，下1B，下1C，下3B，下11C，下3B，下1C，下1B，下1C，下1B。
行10：上2B，上1C，上3B，上2C，上3B，上2C，上1B，上1C，上2B，上2C，上3B，上1C，上1B。
行11：下4B，下2C，下4B，下3C，下4B，下2C，下5B。
行12：上4B，上2C，上4B，上3C，上6B，上2C，上3B。
行13：下3B，下2C，下6B，下2C，下1B，下1C，下4B，下2C，下3B。
行14：上1D，上5C，上2D，上1C，上2D，上2C，上4D，上6C，上1D。
行15：下2D，下4A，下3D，下1A，下1D，下2A，下2D，下1A，下2D，下5A，下1D。
行16：上8D，上1A，上2D，上2A，上6D，上2A，上3D。
行17：下1A，下3D，下1A，下6D，下2A，下1D，下1A，下9D。
行18：上1A，上9D，上3A，上9D，上1A，上1D。
行19：下1A，下10D，下2A，下11D。
行20：上1A，上6D，上10A，上5D，上1A，上1D。
行21：下1A，下6D，下10A，下7D。
行22：上1A，上10E，上2A，上1E，上1A，上7E，上1A，上1E。
行23：下1F，下10E，下2F，下11E。
行24：上2E，上1F，上7E，上4F，上6E，上1F，上3E。
行25：下2E，下1F，下1E，下1F，下4E，下2F，下2E，下2F，下5E，下1F，下1E，下1F，下1E。
行26：（上1F，上1E）3次，上3E，上2F，上2E，上2F，上3E，（上1F，上1E）3次。
行27：下2E，下1F，下1E，下1F，下5E，下4F，下6E，（下1F，下1E）2次。
行28：上2E，上1F，上8E，上2F，上7E，上1F，上3E。
行29：使用E线，全部编织下针。
行30：使用C线，全部编织上针。
行31：下2C，（下1G，下3C）5次，下1G，下1C。
行32：* 上1C，上1G，从*开始重复至最后。
行33：* 下1G，下3C，从*开始重复至最后。

希腊圆柱

这个费尔岛大图案是由两种类似边饰的图案和五种颜色组合而成的。图解是12针14行一重复。下方的样片将图案重复了三次。

图解

- A 线（鹅卵石 Pebble）
- B 线（毛茛 Buttercup）
- C 线（南瓜 Pumpkin）
- D 线（海军上将 Admiral Navy）
- E 线（绿色精灵 Leprechaun）

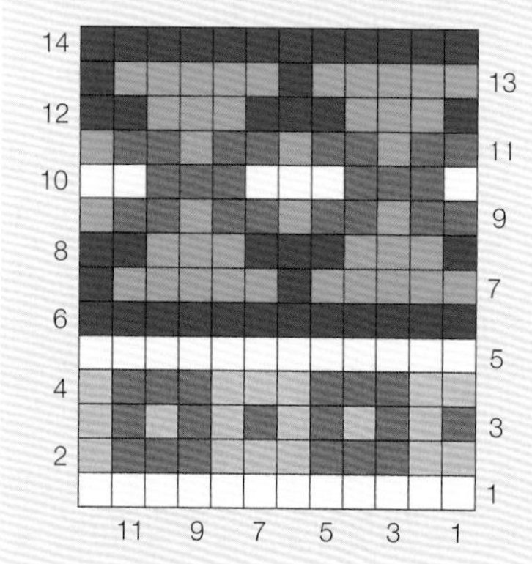

行1： 使用A线，全部编织下针。
行2： 上1B，上3C，上3B，上3C，上2B。
行3： * 下1C，下1B，从*开始重复至最后。
行4： 如行2。
行5： 使用A线，全部编织下针。
行6： 使用D线，全部编织上针。
行7： * 下5E，下1D，从*开始重复至最后。
行8： 上2D，上3E，上3D，上3E，上1D。
行9： * 下2C，下1E，从*开始重复至最后。
行10： 上2A，上3C，上3A，上3C，上1A。
行11： 如行9。
行12： 如行8。
行13： 如行7。
行14： 如行6。

配色变化

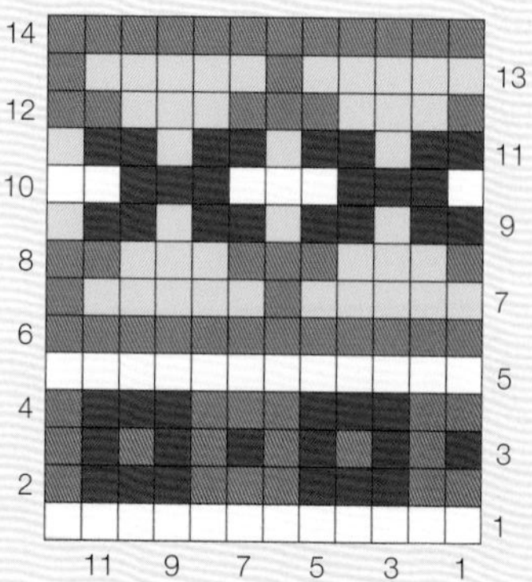

埃及

这是一个简单的几何图案，灵感来自埃及。我喜欢这种干净的设计，可以为整体图案的设计提供可能性——尤其是在使用大胆配色时。这个图案为16针一重复。

图解

A 线（米白色或白色 Eesit/White）

B 线（木炭 Charcoal）

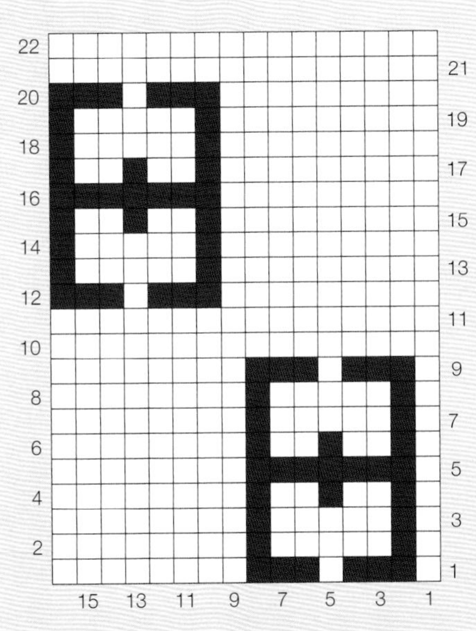

行1： 下1A，下3B，下1A，下3B，下8A。

行2： 上8A，上1B，上5A，上1B，上1A。

行3： 下1A，下1B，下5A，下1B，下8A。

行4： 上8A，上1B，上2A，上1B，上2A，上1B，上1A。

行5： 下1A，下7B，下8A。

行6： 如行4。

行7： 如行3。

行8： 如行2。

行9： 如行1。

行10： 使用A线，全部编织上针。

行11： 使用A线，全部编织下针。

行12： 上3B，上1A，上3B，上9A。

行13： 下9A，下1B，下5A，下1B。

行14： 上1B，上5A，上1B，上9A。

行15： 下9A，下1B，下2A，下1B，下2A，下1B。

行16： 上7B，上9A。

行17： 如行15。

行18： 如行14。

行19： 如行13。

行20： 如行12。

行21： 如行11。

行22： 如行10。

带费尔岛大图案的作品
复古抱枕

这是一个简单的费尔岛图案，使用传统的苏格兰毛线编织而成。我使用了明亮的绿色来搭配微妙的段染灰棕色，给这个抱枕增添了现代感，方形的纽扣则为这个设计增添了中世纪的味道。可以根据你的品味，搭配互补或对比的色调，把抱枕单独放在纯色扶手椅或沙发上看起来就很雅致。

线材

- New Lanark极粗线，或粗细相同的100%纯羊毛线；100克/120米；生产商的编织密度参考14针×18行，使用6毫米棒针
  - ~ 2团 Gritstone或灰棕色（A）
  - ~ 2团 Verdi或石灰绿色（B）

工具

- 1副6毫米直棒针
- 缝针

其他

- 4枚纽扣
- 抱枕枕芯, 44.5厘米×44.5厘米

作品的编织密度

18针×16行，使用6毫米棒针

成品尺寸

适合44.5厘米×44.5厘米枕芯

图解

- A 线（Gritstone或灰棕色）
- B 线（Verdi或石灰绿色）
- 图案重复

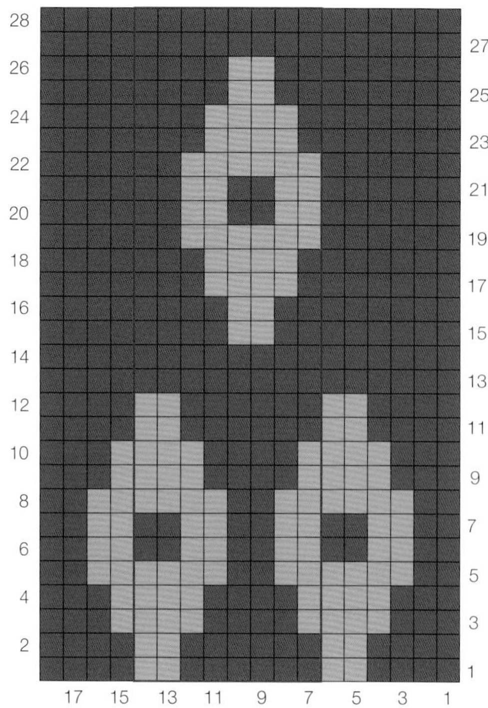

行1（正面行）：下4A，下2B，*下6A，下2B，从*开始重复至最后余4针，下4A。

行2（反面行）：上4A，*上2B，上6A，从*开始重复至最后余6针，上2B，上4A。

行3：下3A，下4B，*下4A，下4B，从*开始重复至最后余3针，下3A。

行4：上3A，上4B，*上4A，上4B，从*开始重复至最后余3针，上3A。

行5：*下2A，下6B，从*开始重复至最后余2针，下2A。

行6：*上2A，上2B，从*开始重复至最后余2针，上2A。

行7：*下2A，下2B，从*开始重复至最后余2针，下2A。

行8：*上2A，上6B，从*开始重复至最后余2针，上2A。

行9和行10：如行3和行4。

行11行12：如行1和行2。

行13：使用A线，全部编织下针。

行14：使用A线，全部编织上针。

行15：下8A，*下2B，下6A，从*开始重复至最后余2针，下2A。

行16：上8A，*上2B，上6A，从*开始重复至最后余2针，上2A。

行17：下7A，*下4B，下4A，从*开始重复至最后余3针，下3A。

行18：上7A，*上4B，上4A，从*开始重复至最后余3针，上3A。

行19：下6A，*下6B，下2A，从*开始重复至最后余4针，下4A。

行20：上6A，*上2B，上2A，从*开始重复至最后余4针，上4A。

行21：下6A，*下2B，下2A，从*开始重复至最后余4针，下4A。

行22：上6A，*上6B，上2A，从*开始重复至最后余4针，上4A。

行23和行24：如行17和18。

行25和行26：如行15和16。

行27和行28：如行13行14。

教程

前片

使用A线，起66针。

基础行：每一针都织扭下针，直到结束。

下一行（反面行）：全部编织上针。

行1（正面行）：编织图解的行1，在一行中将8针重复7次。

继续按照图解编织，直到完成第28行，注意正面行（单数行）是编织下针的，而反面行（偶数行）是编织上针的。

将行1–28再重复一次，然后将行1–12再重复一次。停用B线。

下一行：使用A线，全部编织下针。

收针。

后片下半部分

同前片一样编织，直到完成40行。停用B线，仅使用A线编织。

编织1行下针。

扣眼边

基础行（反面行）：下2，*上2，下2，从*开始重复至最后。

行1（正面行）： 上2,* 下2，上2，从*开始重复至最后。
行2： 下2，* 上1A，挂针，上1，下2，从*开始重复至最后。
行3： 上2，* 下3，上2，从*开始重复至最后。
行4： 下2，* 上3，下2，从*开始重复至最后。
行5： 上2，下3，将这3针的第1针挑起来套到后2针上并脱落，上2，* 下3，将这3针的第1针挑起来套到后2针上并脱落，上2，从*开始重复至最后。
收针。

后片上半部分

同前片一样编织，直到完成28行。
接下来同扣眼边一样编织，但是省略掉扣眼的操作，编织6行双罗纹针。
收针。

作品整理

将织片定型为组合后为边长为47厘米的正方形（见第40–41页）。
使用挑针缝合的方法（见第39页）接缝织片的以下位置：对齐后片下半部分和前片的下半部分缝合侧边，对齐后片上半部分和前片的上半部分缝合侧边，注意后片的上下部分重叠。
对齐扣眼的位置，对下半部分的纽扣位置提前做标记，然后在正确的位置钉上纽扣（见第43页）。
藏好所有线头（见第38页）。

勒尔威克马甲

这款马甲组合了不同图案，创造了一个新的费尔岛整体设计。这是一个拆解样片图库中已有的图案再组合的案例。只要你善于利用图库中的图案，你就可以为自己的针织服装创造出全新的图案！在这件作品中，我使用了圆点图案（第108页）中的一道线和盾牌及十字图案（第109页）中的盾牌，组合成了一个新的更大的十字图案。圆点线条作为边饰图案，装饰在两侧，将图案中的不同花样做了分割，给整体设计增添了更多趣味性。调整扣眼的位置，可将作品改为女性版本。

线材

- Wensleydale DK粗线，或相同粗细的100%纯羊毛；100克/235米；生产商的编织密度参考22针×30行，使用3.75毫米棒针
  - ~ 2（3：3：3）团暴风雨 Storm或深灰色（A）
  - ~ 1团毛毛雨 Mizzle或浅灰色（B）
  - ~ 1（1：1：2）团黄昏 Dusk或石板蓝色（C）
  - ~ 1（1：1：2）团茴香 Fennel或薄荷绿色（D）
  - ~ 1团单宁 Denim或皇家蓝色（E）

工具

- 2副直棒针
  - ~ 4毫米
  - ~ 3.25毫米
- 缝针

其他

- 别针
- 记号扣

作品的编织密度

25针×28行，使用4毫米棒针

尺寸表格

	尺寸1	尺寸2	尺寸3	尺寸4
适合胸围（厘米）	86	91	96	101
实际宽度（厘米）	91	96	100	105
至肩膀长度（厘米）	56	58	59	60
侧边缝（厘米）	30	32	33	34

PHONE
SERVICE,

图解

提示：为使阅读更清楚，绘图时使用了其他颜色。

- A 线（暴风雨 Storm或深灰色）
- B 线（毛毛雨 Mizzle或浅灰色）
- C 线（黄昏 Dusk或石板蓝色）
- D 线（茴香 Fenne或薄荷绿色）
- E 线（丹宁 Denim或皇家蓝色）
- 仅适用于尺寸 1
- 仅适用于尺寸 2
- 仅适用于尺寸 3
- 仅适用于尺寸 4
- 图案重复

图解A：后片

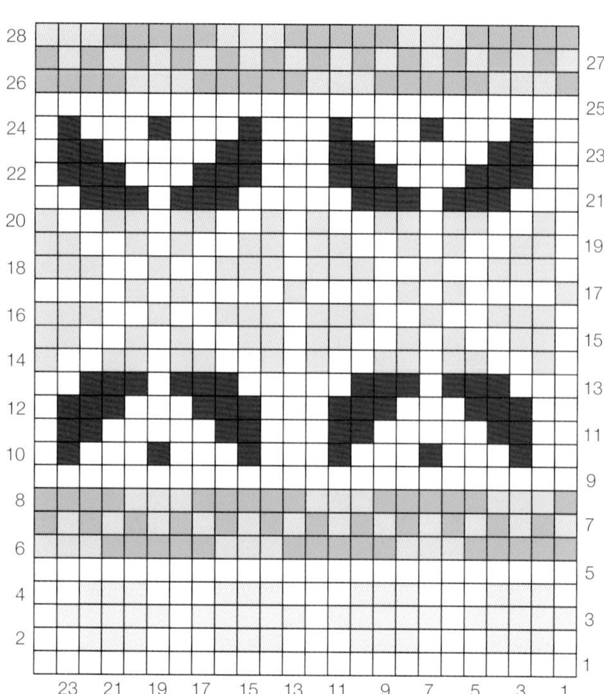

图解C：门襟边图案

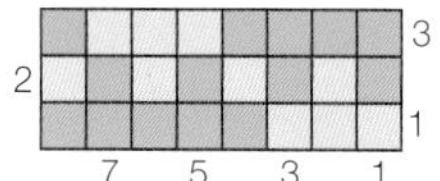

图解B：前片

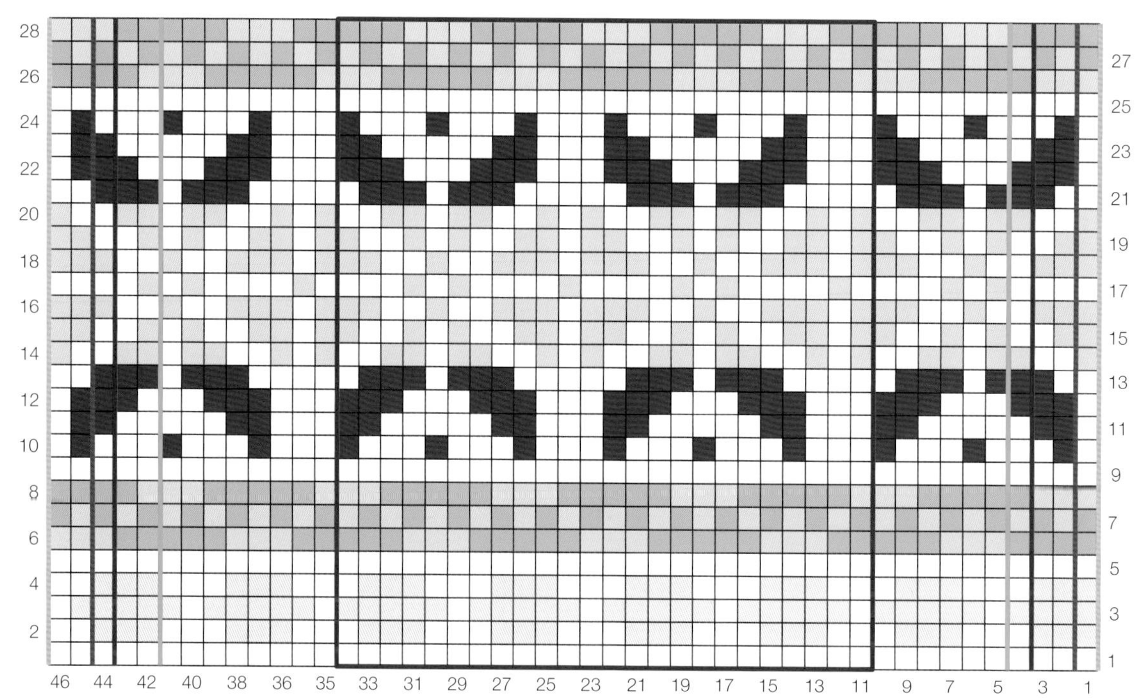

教程

后片

使用3.25毫米棒针及A线，起124（130：136：142）针。

基础行： 每一针都织扭下针，直到结束。

下一行（反面行）： 全部编织上针。

从一行正面的下针行开始，编织9行平针。

下一行（反面行）： 全部编织下针。（提示：这条起伏针将为下摆边缘形成一条折痕。）

换成4毫米棒针。

行1（正面行）： 使用A线，编织下针（此处计为图解A的第1行）。

按照你所选择的尺寸，建立图解A的边针编织规律，方法如下：

仅适用于尺寸1

行2（反面行）： 上1B，上1A，编织图解A的行2共5次，上2A。

行3： 下2A，编织图解A的下一行共5次，下1A，下1B。

仅适用于尺寸2

行2（反面行）： 上1A，上3B，上1A,编织图解A的行2共5次，上2A，上2A。

行3： 下3B，下2A，编织图解A的下一行共5次，下1A，下3B，下1A。

仅适用于尺寸3

行2（反面行）： 上1B，上3A，上3B，上1A，编织图解A的行2共5次，上1B，上3A，上3B，上1A。

行3： 下1A，下3B，下3A，下1B，编织图解A的下一行共5次，下1A，下3B，下3A，下1B。

仅适用于尺寸4

行2（反面行）： 上1A，上3B，上3A，上3B，上1A，编织图解A的行2共5次，上1A，上3B，上3A，上3B，上1A。

行3： 下1A，下3B，下3A，下3B，下1A，编织图解A的下一行共5次，下1A，下3B，下3A，下3B，下1A。

全尺寸适用

（**提示：** 在编织的过程中藏好线头（见第38页）以避免等到用品完成的时候，藏线头变成一项大工程）

根据你所选择的尺寸，按照最后2行的图解A和边针的规律，继续按图解A编织，重复编织行1-28，直到后片的长度离下摆边缘的折痕处约31（32：33：34）厘米，结束于一行反面行。

在一行的两端各放一个记号扣，标记袖窿减针的开始。

编织袖窿减针

于下2行的编织起点分别收掉5（6：7：8）针（114：118：122：126针）。

于一行的两端各减1针，连续减6行，然后隔一行减针一次，共减8（9：10：11）次［86（88：90：92）针］。

不加针不减针继续按照图解规律编织，直到后片的长度离下摆边缘的折痕处约56（58：59：60）厘米，结束于一行反面行。

编织斜肩及分领口

于下2行的编织起点分别收掉6针［74（76：78：80）针］。

下一行（正面行）： 收掉6针，按照图解规律编织至右棒针上余21针，收掉20（22：24：26）针,按照图解规律编织至最后。

下一行（反面行）： 收掉6针，按照图解规律编织至领口边缘，翻面，将余下的针目移到别针上休针待用，后来只编织左侧肩膀的21针。

下一行： 收掉4针，按照图案规律编织至最后（17针）。

下一行： 收掉6针，按照图案规律编织至最后（11针）。

下一行： 收掉4针，按照图案规律编织至最后（7针）。

收针。

从反面接线，编织右侧肩膀的针目，参考左侧肩膀的减针方法对称完成这一侧的肩膀。

左前片

使用A线及3.25毫米棒针，起62（65：68：71）针。

基础行：每一针都打成扭下针，直到结束。

下一行（反面行）：全部编织上针。

从一行正面的下针行开始，编织9行平针。

下一行（反面行）：全部编织下针。这条起伏针将为下摆边缘形成一条折痕。

换成4毫米棒针。

下一行（正面行）：按照你所选择的尺寸的正确起止点，编织图解B的第1行，在一行中将24针重复2次。

继续按照原有的图案规律编织图解B，重复编织行1–28，直到长度离后片袖窿减针还差7（11：13：15）行，结束于一行反面行。

编织领口减针及袖窿减针

继续保持原有的图解B图案规律，于下一行的编织终点（领口侧）减1针，然后每4行减针1次，与此同时，当前片长度离下摆边缘的折痕处约31（32：33：34）厘米时，结束于一行反面行，开始袖窿减针，方法如下：

于下一行的编织起点（袖窿侧）收掉5（6：7：8）针。

在下一次反面行，在袖窿侧减1针，然后改为正面行在袖窿侧减1针，共减 8（9：10：11）次。

完成袖窿减针后，袖窿侧不再减针，仅在领口侧减针，按照原有的领口减针方法，每4行减针一次，减至针数余35（34：34：35）针，然后改为每3行在领口侧减针一次，减至针数余25针。

不加针不减针，编织至前片的长度与后片的斜肩开始处匹配，结束于一行反面行。

编织斜肩

于下一行的编织起点收掉6针，然后隔一行用同样的方法减针一次，共减2次（7针）。

再编织一行。

收针。

右前片

参考左前片的织法，对称完成所有的减针。

作品整理

将每一块织片按所需尺寸定型（见第40–41页）。

使用挑针缝合的方法（见第39页）缝合肩膀的接缝。将前后片的下摆边缘沿折痕折向反面，缝合好双层边。

袖口边缘（两边一致）

使用A线及3.25毫米棒针，从正面接线，沿着袖窿一圈挑织108针下针。

行1（反面行）：全部编织上针。

行2–4：全部编织下针。（提示：行3的起伏针为袖口边缘形成了一条折痕）

行5–7：从一行反面行开始，编织3行平针。收针。

使用挑针缝合的方法（见第39页）缝合肩膀的接缝。将袖口边缘沿着折痕折向反而，缝合好双层边。

门襟边

使用A线及4毫米棒针，从右前片正面底边开始接线，沿着右前片的底边到领口减针开始处挑织70针下针，沿着右前领口挑织72（76：80：84）针下针，沿着后领口挑织 37（39：41：43）针下针，沿着左前领口挑织72（76：80：84）针下针，往下到底边结束处挑织70针下针［321（331：341：351）针］。

行1（反面行）：全部编织上针。

行2：使用C线，下1（2：5：5），编织图解C的行1至最后余0（1：0：2）针；换成D线，下0（1：0：2）。

（**提示：**当需要对扣眼编织收针和起针的动作时，使用双股线一起操作。）

行3：继续编织平针，按原有的图案规律编织边针和图解C的下一行，按照图解规律编织 263（273：283：293）针，（收掉2针，按照图解规律编织8针，此8针包含为收针后右棒针上余的那一针）5次，收掉2针，按照图解规律编织至最后。

行4：*按照图解规律编织至收针处的断口，起2针，从*开始重复6次，按照图解规律编织至最后。

停用线C和线D。

行5：使用A线，全部编织上针。

行6及行7：使用A线，全部编织下针。（提示：行7的起伏针为门襟边形成了一条折痕）

停用A线，仅用C线继续编织。

行8：下6，（收掉2针，下8，此8针包含为收针后右棒针上余的那一针）6次,下针编织至最后。

行9：* 编织上针至收针处的断口，起2针，从*开始重复6次，上针编织至最后。

行10：全部编织下针。

行11：全部编织上针。

收针。

将门襟边沿折痕折向反而，缝合好双层边，注意对齐双层边的扣眼位置。合并双层边进行锁扣眼，使扣眼的最终效果更完美。

将纽扣对齐扣眼位置缝好（见第43页）。藏好所有线头（见第38页）。

千鸟格手袋

我想把这个著名的图案运用在一件简单的作品中，而手袋将是一件能与之完美契合的作品。这个包既实用又有趣，制作起来也很简单。包的内衬不是必须的，但增加内衬确实会让包包更有质感。如果你不习惯缝纫，但想让给手袋增加内衬，可以像我一样，找一个朋友来帮助你做。

线材

- Jamieson's Shetland Marl极粗线，或相同粗细的100%纯羊毛线；100克/120米；生产商的编织密度参考15针×22行，使用6毫米棒针
  - ~ 2团木炭 Charcoal 126或灰黑色（A）
  - ~ 1团托帕石 Topaz 251或浅橙蓝色斑点（B）

工具

- 3副直棒针
  - ~ 5.5毫米
  - ~ 6毫米
  - ~ 8毫米
- 缝针

其他

- 2枚大纽扣
- 2片方形衬布，尺寸为30厘米×30厘米－衬布的尺寸应在手袋的前后片尺寸基础上，增加1厘米的缝份
- 长条衬布，用于缝侧边，尺寸为89厘米×6厘米
- 手缝针及相应的缝纫线
- 可选项目：缝纫机及相应的缝纫线

作品的编织密度

18针×16行，使用6毫米棒针

成品尺寸

含提手在内，约61厘米×66厘米

图解

■ A线（木炭 Charcoal 126或灰黑色）

□ B线（托帕石 Topaz 251或浅橙蓝色斑点）

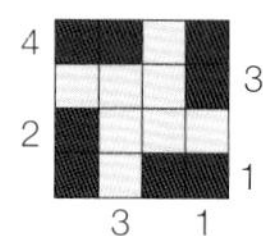

行1（正面行）： * 下2A，下1B，下1A，从*开始重复至最后。

行2（反面行）： * 上1A，上3B，从*开始重复至最后。

行3： * 下1A，下3B，从*开始重复至最后。

行4： * 上2A，上1B，上1A，从*开始重复至最后。

教程

手袋前片

使用5.5毫米棒针及A线，起40针。

行1及行2： * 下2，上2，从*开始重复至最后。

行3及行4： * 上2，下2，从*开始重复至最后。

将行1–4再重复一次。

行9（反面行）： 上1，扭加针，上13，扭加针，上13，扭加针，上12，扭加针，上1（44针）。

换成6毫米棒针。

从行1开始，在必要的位置接上B线，在一行中将4针重复编织11次，按照图解编织，将行1–4共重复9次。

作品的长度离起针边缘约为27厘米。

收针。

手袋后片

同前片一样编织。

侧边和底部包边

（**提示：** 全部使用双股线，以增加手袋主体的分量）

使用8毫米棒针及双股A线，起5针。

基础行：每一针都编织扭下针，直到结束，以形成一条整齐的边缘。

行1： 下1，上1，下1，上1，下1。

重复行1直到织片长度离起针行约82厘米，或长度足够覆盖手袋的侧边、底边及另一条侧边。

收针。

提手

制作两条

（**提示：** 全部使用双股线编织，以保证提手足够厚实）

使用8毫米棒针及双股A线，起3针。

基础行（正面行）： 每一针都编织扭下针，直到结束，以形成一条整齐的边缘。

下一行（加针）： 下1，扭加针，下1，扭加针，下1（5针）。

行2： 下1，上1，下1，上1，下1。

重复行2，直到织片的长度离起针边缘约38厘米。

下一行（减针）： 下针左上2并1，下1，下针左上2并1（3针）。

收针。

作品整理

提手

将提花横折，使用挑针缝合法（见第39页）缝合侧边，缝合位置从加针行开始，至减针行结束。

手袋主体

将织片定型（见第40–41页）。从手袋的顶部开始，使用挑针缝合法（见第39页），将侧片和底部包边的长边与手袋的前片缝合，小心调整好松紧，沿着一条侧边往下缝，然后是底部，再往上缝另一条侧边。重复此操作，将侧边和底部包边与手袋的后片缝合。藏好所有线头（见第38页）。

制作手袋的内衬（可选项目）

步骤1： 保留1厘米的缝份，将长条衬布与其中一块方形衬布正面相对，沿长条衬布的长边与方形衬布的侧边往下缝合，再缝合底边，然后往上缝合另一条侧边。

步骤2： 重复步骤1，将长条衬布与另一块方形衬布缝合。

步骤3： 分别在手袋的前片和后片的外侧各缝一枚纽扣。

步骤4： 将衬布的顶部折叠向手袋的内侧，先用大头针固定（或使用蒸汽熨烫，取决于面料的特点）再进行缝合。这样不但可以形成整齐的缝边，还能避免衬布磨损。

步骤5： 保留5毫米的缝份，将衬布顶部与手袋内侧做缝合。

- 如果你采用**手缝**，使用卷针缝会是很好的选择，因为它既牢固又能保持织物的弹性。
- 如果你采用**机缝**，要车得牢固一些，线迹调整得略长略宽一些，以适合粗线。选择合适的压脚，可以让你的缝纫针在手袋上走线时更轻松。

玫瑰披肩

这个披肩图案的灵感来自我在自己的花园里看到的各种颜色的花。我拍了一张花的照片，用它作为主要花卉图案的灵感，然后我选择了相应颜色的毛线，创造出了一个独特的设计。这条披巾是用奢华柔软的毛线编织而成，贴身手感极佳。

线材

- Fyberspates Cumulus蕾丝线，或相同粗细的羊驼/真丝混纺蕾丝线；25克/150米；生产商的编织密度参考24针×40行，使用3.75毫米棒针
  - ~ 6团石板 Slate 913或灰蓝色（A）
  - ~ 1团海绿 Sea Green 910或薄荷绿色（B）
  - ~ 1团锈红 Rust 902或深橘色（C）
  - ~ 1团驼色 Camel 912或浅褐色（D）
  - ~ 1团青绿色 Teal 904或青绿色（E）
  - ~ 1团银色 Silver911或白灰色（F）
  - ~ 1团洋红 Magenta 907或洋红色（G）

工具

- 1副4毫米直棒针
- 缝针

作品的编织密度

25针×28行，使用4毫米棒针

成品尺寸

48厘米×167厘米

图解

正面：使用 A 线编织下针（石板 Slate 913或灰蓝色）
反面：使用 A 线编织上针（石板 Slate 913或灰蓝色）

正面：使用 A 线编织上针（石板 Slate 913或灰蓝色）
反面：使用 A 线编织下针（石板 Slate 913或灰蓝色）

B 线（海绿 Sea Green 910或薄荷绿色）

C 线（锈红 Rust 902或深橘色）

图案重复

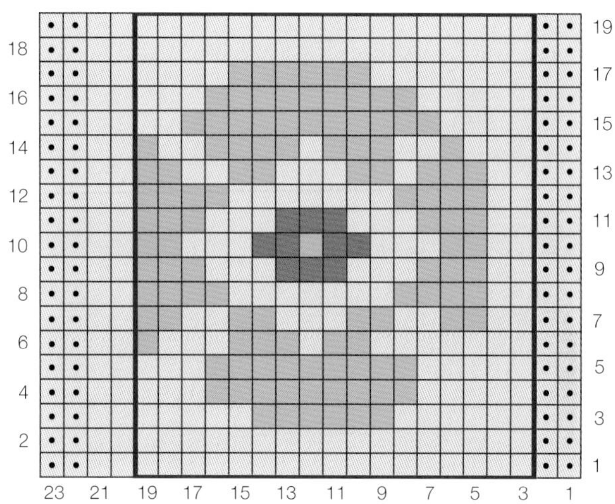

行1（正面行）： 使用A线，全部编织下针。

行2（反面行）： 使用A线，下2，上针编织到最后余2针，下2。

行3： 下2A，* 下6A，下6B，下5A，从*开始重复至最后余4针，下4A。

行4： 下2A，上2A，* 上3A，上9B，上5A，从*开始重复至最后余2针，下2A。

行5： 下2A，* 下5A，下9B，下3A，从*开始重复至最后余4针，下4A。

行6： 下2A，上2A，*上1B，上3A，上3B，上1A，上2B，上7A，从*开始重复至最后余2针，下2A。

行7： 下2A，* 下2A，下2B，下2A，下2B，下3A，下2B，下2A，下2B，从*开始重复至最后余4针，下4A。

行8： 下2A，上2A，* 上4B，上7A，上4B，上2A，从*开始重复至最后余2针，下2A。

行9： 下2A，* 下2A，下3B，下3A，下3C，下3A，下3B，从*开始重复至最后余4针，下4A。

行10： 下2A，上2A,* 上2B，上3A，上2C，上1B，上2C，上3A，上2B，上2A，从*开始重复至最后余2针，下2A。

行11： 如行9。

行12： 如行8。

行13： 下2A，* 下2A，下3B，下1A，下2B，下3A，下2B，下2A，下2B，从*开始重复至最后余4针，下4A。

行14： 下2A，上2A，* 上1B，上2A，上4B，上1A，上3B，上2A，上1B，上3A，从*开始重复至最后余2针，下2A。

行15： 下2A，* 下4A，下11B，下2A，从*开始重复至最后余4针，下4A。

行16： 如行4。

行17： 下2A，* 下7A，下6B，下4A，从*开始重复至最后余4针，下4A。

行18： 使用A线，下2，上针编织到最后余2针，下2。

教程

使用A线，起414针。

基础行（正面行）： 每一针都编织扭下针，直到结束，以形成一条整齐的边缘。

下4行： 全部编织下针。

行1（正面行）： 编织图解的行1，直到结束，在一行中将17针的图案重复24次。

继续根据图解编织，直到完成18行。

重复编织图案的行1–18，使用以下的配色组合：

行19–36： 使用D线替代B线，E线替代C线。

行37–54： 使用F线替代B线，B线替代C线。

行55–72： 使用G线替代B线，F线替代C线。

行73–90： 使用F线替代B线，B线替代C线。

行91–108： 使用D线替代B线，E线替代C线。

行109–126： 使用B线和C线重复行1–18。

行127–130： 全部编织下针。

收针。

作品整理

将披肩定型（见第40–41页）。

藏线头（见第38页）。

设得兰连衣裙

费尔岛编织的设计自由而灵活，让人真正有机会去处理大量的颜色。考虑到这一点，我决定将鲜明和柔和的配色混搭，来编织一件成人连衣裙。这条裙子可以单独穿，也可以套在打底裤或裤子外面，我还加了口袋，让它更实用！图案的重复非常简单，花样只有4针，使用不同的配色编织。这条裙子刚好在膝盖上方，可以按照你的想法轻易地加长：如果你的腰部比较长，在袖窿减针开始之前，增加4行48针的图案重复；如果你的腿比较长，在下摆罗纹结束后增加额外的图案重复。

线材

- Jamieson's Spindrift蕾丝线（作为细线来编织），或粗细适合的100%细羊毛线；25克/105米；生产商的编织密度参考为30针×32行，使用3.25毫米棒针
  - 5（6：6：7：7）团夜鹰 Nighthawk 1020或深青色（A）
  - 5（6：6：7：7）团披肩头纱 Mantilla 517或红紫色（B）
  - 2（2：2：3：3）团鹅卵石 Pebble 127或奶油色（C）
  - 3（3：4：4：4）团伍德格林 Wood Green 318或段染蓝绿色（D）
  - 2（3：3：4：4）团金雀花 Scotch Broom 1160或赭色（E）
  - 3（4：4：5：5）团草原 Prairie 812或杂绿色（F）
  - 2 团锈红 Rust 578或深橘色（G）

工具

- 2副直棒针
  - 2.75毫米
  - 3.25毫米
- 缝针

其他

- 别针

作品的编织密度

28针×30行，使用3.25毫米棒针

尺寸表格

	尺寸1	尺寸2	尺寸3	尺寸4	尺寸5
适合胸围（厘米）	81–86	91–97	102–107	112–117	122–127
至腋下长度（厘米）	63	65	66	67	68
袖窿深（厘米）	17.5	18.5	19.5	20.5	21.5
袖长（厘米）	36	37	38	38	38
连衣裙长度（厘米）	82	83.5	85.5	87.5	89.5

图解

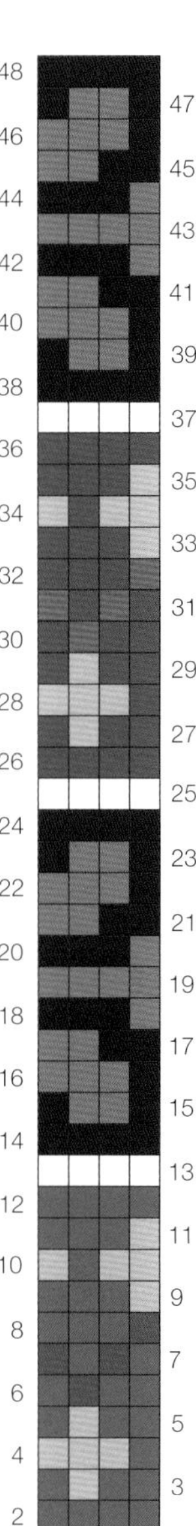

- A 线（夜鹰 Nighthawk 1020 或深青色）
- B 线（披肩头纱 Mantilla 517 或红紫色）
- C 线（鹅卵石 Pebble）127 或奶油色）
- D 线（伍德格林 Wood Green 318 或段染蓝绿色）
- E 线（金雀花 Scotch Broom 1160 或赭色）
- F 线（草原 Prairie 812 或杂绿色）
- G 线（锈红 Rust 578 或深橘色）

行1（正面行）： 使用C线，全部编织下针。
行2（反面行）： 使用D线，全部编织上针。
行3： *下2D，下1E，下1D，从*开始重复至最后。
行4： *上3E，上1D，从*开始重复至最后。
行5： *下2D，下1E，下1D，从*开始重复至最后。
行6： *上1D，上1A，上2D，从*开始重复至最后。
行7： *下1D，下1A，从*开始重复至最后。
行8： *上3D，上1A，从*开始重复至最后。
行9： *下1E，下3D，从*开始重复至最后。
行10： *上1E，上1D，上2E，从*开始重复至最后。
行11： *下1E，下3D，从*开始重复至最后。
行12： 使用D线，全部编织上针。
行13： 如行1。
行14： 使用B线，全部编织上针。
行15： *下1B，下2F，下1B，从*开始重复至最后。
行16： *上3F，上1B，从*开始重复至最后。
行17： *下2B，下2F，从*开始重复至最后。
行18： *上3B，上1F，从*开始重复至最后。
行19： 使用F线，全部编织下针。
行20： 如行18。
行21： 如行17。
行22： 如行16。
行23： 如行15。
行24： 如行14。
行25： 如行1。
行26–36： 重复行2–12，但使用A线替代D线，G线替代A线。
行37–48： 重复行13–24。

教程

后片

使用2.75毫米棒针及A线起154（170：190：206：226）针。

基础行：每一针都织扭下针，直到结束。

下一行（反面行）：全部编织上针。

换成B线。

（**提示：**编织罗纹针部分时，针数随尺码而变动）

行1（正面行）：上2，* 下2，上2，从*开始重复至最后。

行2（反面行）：下2，* 上1，挂针，上1，下2，从*开始重复至最后。

行3：上2，* 下3，上2，从*开始重复至最后。

行4：下2，* 上3，下2，从*开始重复至最后。

行5：上2，* 下3，将这3针的第1针挑起来套到后2针上并脱落，上2，从*开始重复至最后。

行6–9：换成A线重复行2–5。

行10–13：换成B线重复行2–5。

行14（反面行）：下2B，* 上2B，下2B，从*开始重复至最后。

换成3.25毫米棒针。

仅适用于尺寸1

下一行（正面行）：换成C线编织下针至最后（此行计为图解的行1），与此同时，在一行中分散加2针（156针）。

仅适用于尺寸2–4

下一行（正面行）：换成C线（此行计为图解的行1），与此同时，在一行中分散减2针［–（168：188：204：224）针］。

全尺寸适用

从行2开始，在一行中将4针重复39（42：47：51：56）次，按照图解继续编织27行，结束于一行反面行。**

按原有的图案规律继续编织，下一行在一行的两端各减1针，然后（以同样的减针方法）每8行减针1次，然后每6行减针1次，共减10（13：13：13：13）次［132（138：158：174：194）针］。

***不加针不减针继续编织23（23：25：25：27）行，结束于一行反面行。

下一行在一行的两端各加1针，然后（以同样的加针方法）每18行加针1次，注意加出来的针目要按照图案编织。［138（144：164：180：200）针］。

不加针不减针继续编织，直到后片的长度约63（65：66：67：68）厘米，或达到你理想的腋下长度，结束于一行反面行。

编织袖窿减针

保持原有的图案规律正确，下2行的编织起点分别收掉5（4：7：8：10）针［128（136：150：164：180）针］。

保持原有的图案规律正确，下一行在一行的两端各减1针，连续减5（7：9：11：13）行，然后改为隔一行减针1次，共减3（3：4：5：6）次［112（116：124：132：142）针］。

不加针不减针继续编织，直到袖窿长度约17.5（18.5：19.5：20.5：21.5）厘米，结束于一行反面行。

编织后领口减针

按照图解编织25（28：31：35：39）针，翻面，将余下的 87（88：93：97：103）针移到别针上休针待用。

领口两侧的肩膀分开编织。

领口侧减1针，连续减6行［19（22：25：29：33）针］。

再编织1行。

（**提示：**在下面的环节中，C线的颜色将取决你在图解的何处结束。）

如果图解的下一行：

行1，13，25或37：仅使用C线继续编织。

行2–12：仅使用D线继续编织。

行14–24或38–48：仅使用B线继续编织。

行26–36：仅使用A线继续编织。

编织斜肩

于下一行的编织起点收掉6（7：8：9：10）针［13（15：17：20：23）针］。

再编织1行。

将前2行再次重复。

收掉余下的7（8：9：11：13）针。

保留后领口中间的62（60：62：62：64）针在别针上，从正面接线，编织余下的25（28：31：35：39）针，按照图解规律编织至最后一针。

参考这一侧的肩膀，对称完成另一侧的肩膀。

口袋内衬

制作两片

使用3.25毫米棒针及A线，起36（36：36：36：40）针。

基础行：每一针都织扭下针，直到结束。

从一行反面的上针行开始，编织平针，直到织片长度约15厘米，结束于一行反面行。

仅适用于尺寸1–4

下一行（正面行）：下3（3：3：3：–）,扭加针，（下6，扭加针）5次,下3（3：3：3：–）［42（42：42：42：–）针］。

仅适用于尺寸5

下一行（正面行）：下2，扭加针，（下7，扭加针）5次，下3（46针）。

断线，将针目移到别针上休针待用。

前片

如后片编织至**。

保持原有的图案规律正确，下一行在一行的两端各减1针，然后每8行（以同样的减针方法）减针1次，然后改为每6行减针1次，共减5次，结束于一行正面行［142（154：174：190：210）针］。

加入口袋

按照图解规律编织15（17：19：21：23）针，将接下来的 42（42：42：42：46）针移到别针上，将一套口袋内衬的针目移到左棒针上，按照图解规律编织口袋内衬的42（42：42：42：46）针。

按照图解规律编织接下来的28（36：52：64：72）针，将接下来的 42（42：42：42：46）针移到别针上，并将另一套口袋内衬的针目移到左棒针上，按照图解规律编织口袋内衬的42（42：42：42：46）针。按照图解规律编织余下的15（17：19：21：23）针。

保持原有的图案规律正确，于一行的两端各减1针，每6行减针1次，共减5（8：8：8：8）次［132（138：158：174：194）针］。

摘下来从***开始，继续如后片编织，直到前片的长度距离后片斜肩开始处还差 22（22：24：24：24）行，结束于一行反面行［112（116：124：132：142）针］。

前领口减针

下一行（正面行）：按照图解规律编织30（33：37：41：46）针，翻面，将余下的82（83：87：91：96）针移到别针上休针待用。

领口两侧的肩膀分开编织。

保持图案规律正确，在领口侧减1针，连续减10行，然后改为隔一行减针1次，共减1（1：2：2：3次）［19（22：25：29：33）针］。

按照图解规律不加针不减针编织至前片的长度与后片斜肩开始处匹配，结束于一行反面行。

编织斜肩

于下一行的编织起点收掉6（7：8：9：10）针［13（15：17：20：23）针］。

再编织1行。

将最后2行再次重复。

收掉余下的7（8：9：11：13）针。

保持前领口中间的52（50：50：50：50）针留在别针上，从正面接线编织余下的30（33：37：41：46）针，按照图解规律编织至最后。

参考这一侧的肩膀，对称完成另一侧的肩膀。

袖子

使用2.75毫米棒针及A线，起70（74：74：74：78）针。

基础行：每一针都织扭下针，直到结束。

下一行（反面行）：全部编织上针。

换成B线。

（**提示：**编织罗纹针部分时，针数随尺码而变动）

行1（正面行）：上2，* 下2，上2，从*开始重复至最后。

行2（反面行）：下2，* 上1，挂针，上1，下2，从*开始重复至最后。

行3：上2，* 下3，上2，从*开始重复至最后。

行4：下2，* 上3，下2，从*开始重复至最后。

行5：上2，* 下3，将这3针的第1针挑起来套到后2针上并脱落，上2，从*开始重复至最后。

行6–9：换成A线重复行2–5。

行10–13：换成B线重复行2–5。

行14：下2B，* 上2B，下2B，从*开始重复至最后。

下一行（正面行）：换成C线（此行计为图解的行1），与此同时，在一行中分散加2针［72（76：76：76：80）针］。

从第2行开始，在一行中将4针重复18（19：19：19：20）次，与此同时，在一行的两端各加1针，每4行加针1次，然后改为每6（6：6：4：4）行加针，直到针数加至92（102：110：102：110）针，再改为每8（8：0：6：6）行加针，直到针数加至100（106：110：118：124）针,注意加出来的针目要按照图案规律编织。

不加针不减针按照图解规律编织，直到作品长度约36（37：38：38：38）厘米，下一行应为正面行。

袖山减针

保持原有的图案规律正确，于下2行的编织起点分别收掉3（5：7：9：11）针［94（96：96：100：102）针］。

在一行的两端各减1针，连续减11行，然后改为隔一行减针，减至针数余54针。

在一行的两端各减1针，连续减7行，结束于一行反面行（40针）。

不加针不减针编织2行。

于下4行的编织起点各收掉4针（24针）。

收掉余下的针目。

作品整理

使用挑针缝合的方法（见第39页），缝合右肩膀的接缝。

领边

使用2.75毫米棒针及A线，从正面接线，从左前领口开始，沿前领口左下方挑织17（19：22：22：23）针下针，从前领口的休针处编织 52（50：50：50：50）针下针，从前领口的右上方挑织17（19：22：22：23）针下针，从后领口的右下方挑织11针，从后领口的休针处编织62（60：62：62：64）针下针，从后领口的左上方挑织11针［170（170：178：178：182）针］。

（**提示：**编织罗纹针部分时，针数随尺码而变动）

行1（反面行）：下2，*上1，挂针，上1，下2，从*开始重复至最后。

行2：上2，*下3，上2，从*开始重复至最后。

行3：下2，*上3，下2，从*开始重复至最后。

行4：上2，*下3，将这3针的第1针挑起来套到后2针上并脱落，上2，从*开始重复至最后。

行5：下2，*上3，下2，从*开始重复至最后。

收针。

口袋包边（两边一致）

将休针的42（42：42：42：46）针移到2.75毫米棒针上，从正面接上A线。

（**提示：**编织罗纹针部分时，针数随尺码而变动）

行1（正面行）：上2，*下2，上2，从*开始重复至最后。

行2（反面行）：下2，*上1，挂针，上1，下2，从*开始重复至最后。

行3：上2，*下3，上2，从*开始重复至最后。

行4：下2，*上3，下2，从*开始重复至最后。

行5：上2，*下3，将这3针的第1针挑起来套到后2针上并脱落，上2，从*开始重复至最后。

行6–9：重复行2–5。

收针。

作品整理

按所需尺寸对每一块织片定型（见第40–41页）。

使用卷针缝，将口袋内衬与作品的反面缝合到一起，并将口袋饰边的露出部分缝好。

使用挑针缝合的方法（见第39页）接缝织片的以下位置：接合左侧肩膀；调整好袖山的吃势，对齐袖窿的接缝进行绱袖；缝合腋下、袖筒和连衣裙的侧片，借助图案的来帮助你对齐织片。

藏好所有线头（见第38页）。

费尔岛动物图案

谁说费尔岛编织一定要是古典风格？这一章的动物图案都是使用费尔岛技术编织的，书中提供了对应作品，你也可以将它们放进自己的作品中。每个人都有最喜欢的动物，我希望我提供的图案里有你喜欢的！不如拿其中一个做实验，把它作为一顶平针帽子的边饰图案。无论你选择哪一款设计，都要注意针数的正确排布。

所有的样片都是用Jamieson’s of Shetland Spindrift和3.25毫米棒针编织的。

注意：作品中除了格子图解，还包含了图解对应的文字说明。但文字说明可能过于累赘，阅读图解会更轻松。

大象

这个小巧而简单的费尔岛图案由两种对比强烈的颜色构成，用在婴儿或儿童的衣服上将会更有趣。这个图案为10针一重复。

图解

- A线（鹪鹩 Wren）
- B线（米白色 / 白色 Eesit/White）

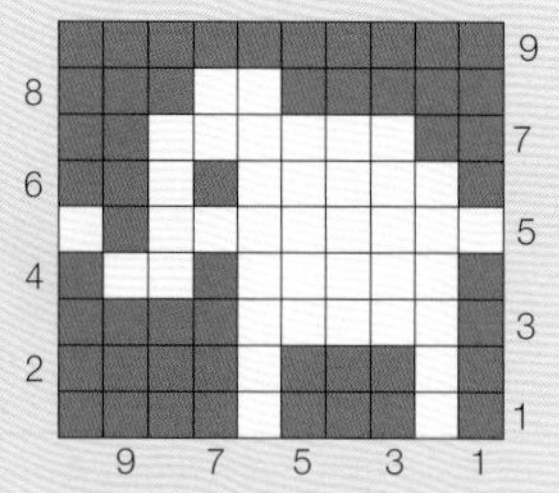

行1： 下1A，下1B，下3A，下1B，下4A。
行2： 上4B，上1B，上3A，上1B，上1A。
行3： 下1A，下5B，下4A。
行4： 上1A，上2B，上1A，上5B，上1A。
行5： 下8B，下1A，下1B。
行6： 上2A，上1B，上1A，上5B，上1A。
行7： 下2A，下6B，下2A。
行8： 上3A，上2B，上5A。
行9： 使用A线，全部编织下针。

配色变化

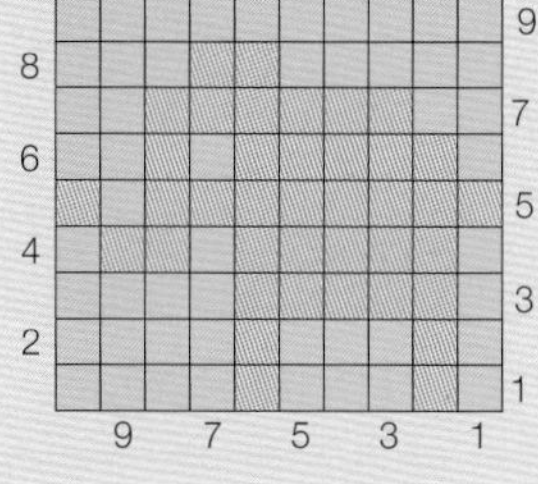

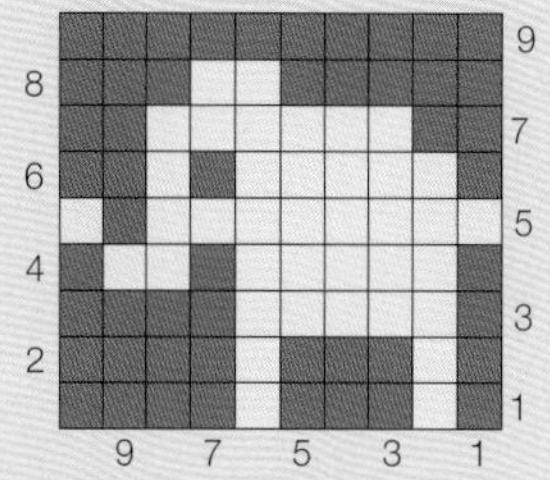

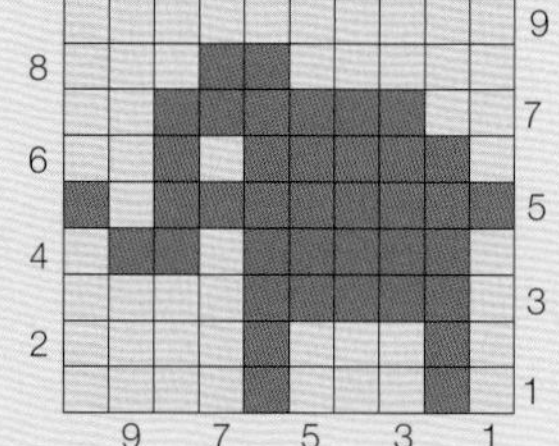

松鼠

松鼠是一个适合用于针织物的好图案，无论是大人的帽子还是小孩的毛衣都适合。根据你的喜好来改变配色——例如红色的松鼠，在苏格兰和不列颠群岛北部仍能看到红松鼠呢。这个图案为28针一重复。

图解

- A线（洛蒙德湖 Lomond）
- B线（鹅卵石 Pebble）
- C线（木炭 Charcoal）

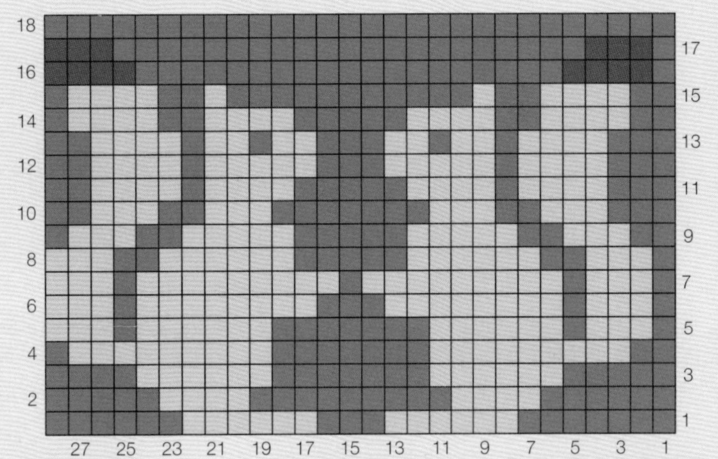

行1： 下7A，下6B，下3A，下6B，下6A。
行2： 上5A，上4B，上9A，上4B，上6A。
行3： 下5A，下6B，下7A，下6B，下4A。
行4： 上1A，上9B，上7A，上9B，上2A。
行5： 下1A，下3B，下1A，下6B，下7A，下6B，下1A，下3B。
行6： 上3B，上1A，上8B，上3A，上8B，上1A，上3B，上1A。
行7： 下1A，下3B，下1A，下9B，下1A，下9B，下1A，下3B。
行8： 上3B，上2A，上6B，上5A，上6B，上2A，上3B，上1A。
行9： 下2A，下3B，下2A，下5B，下5A，下5B，下2A，下3B，下1A。
行10： 上2A，上3B，上2A，上3B，上7A，上3B，上2A，上3B，上3A。
行11： 下3A，下4B，下1A，下4B，下5A，下4B，下1A，下4B，下2A。
行12： 上2A，上4B，上1A，上5B，上3A，上5B，上1A，上4B，上3A。
行13： 下3A，下4B，下1A，下2B，下1A，下2B，下3A，下2B，下1A，下2B，下1A，下4B，下2A。
行14： 上1A，上4B，上2A，上4B，上5A，上4B，上2A，上4B，上2A。
行15： 下2A，下4B，下2A，下1B，下11A，下1B，下2A，下4B，下1A。
行16： 上4C，上19A，上4C，上1A。
行17： 下1A，下3C，下21A，下3C。
行18： 使用A线，全部编织下针。

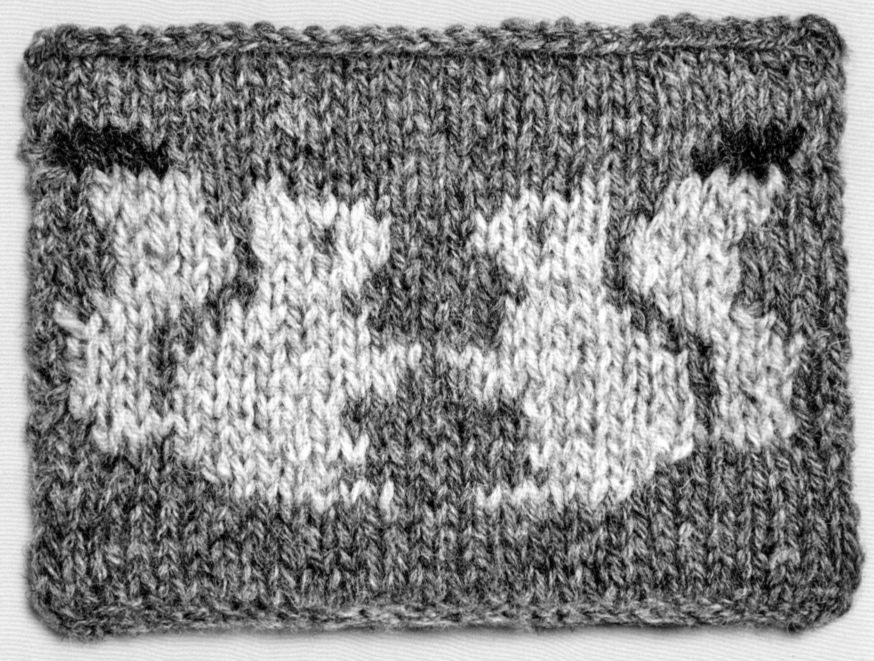

羊驼

羊驼能生产非常柔软的毛。这个边饰图案非常适合用于毛衣、茶壶套或帽子。我在图案上添加了雪花，让羊驼更有节日气氛，但如果想要更朴素的图案，可以省略这些雪花。这个图案为16针一重复。

图解

A 线（环礁湖 Lagoon）
B 线（米白色 Mooskit）
C 线（天然白色 Natural White）

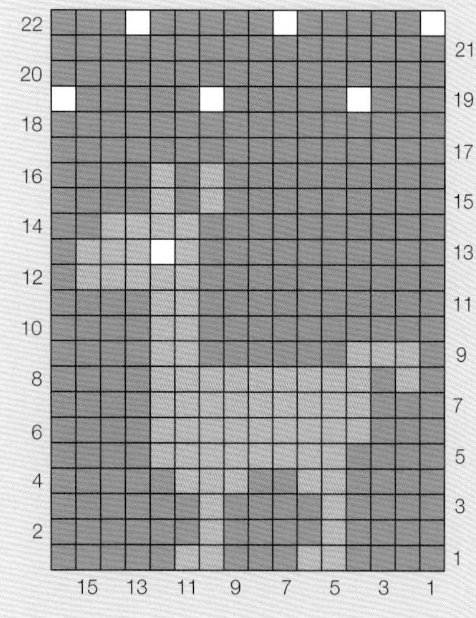

行1： 下4A，下2B，下3A，下2B，下5A。
行2： 上6A，上1B，上4A，上1B，上4A。
行3： 下4A，下1B，下4A，下1B，下6A。
行4： 上5A，上3B，上2A，上2B，上4A。
行5： 下4A，下8B，下4A。
行6： 上4A，上9B，上3A。
行7： 下3A，下9B，下4A。
行8： 上4A，上9B，上1A，上1B，上1A。
行9： 下1A，下3B，下6A，下2B，下4A。
行10： 上4A，上2B，上10A。
行11： 下10A，下2B，下4A。
行12： 上1A，上5B，上10A。
行13： 下10A，下1B，下1C，下3B，下1A。
行14： 上2A，上4B，上10A。
行15： 下9A，下1B，下1A，下1B，下4A。
行16： 上4A，上1B，上1A，上1B，上9A。
行17： 使用A线，全部编织下针。
行18： 使用A线，全部编织上针。

雪花（可选）
行19： 下3A，下1C，* 下5A，下1C，下5A，下1C，从*开始重复至最后。
行20： 使用A线，全部编织上针。
行21： 使用A线，全部编织下针。
行22： 上3A，上1C，* 上5A，上1C，上5A，上1C，从*开始重复至最后。

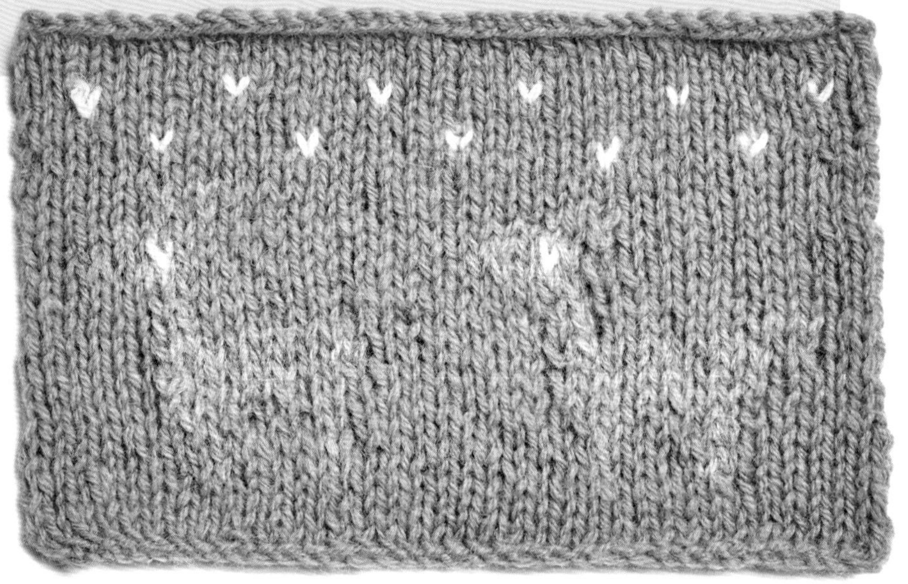

兔子

兔子图案能为针织品带来可爱的春天主题，可作为单一图案用在口袋或围巾上，或者作为毛衣或开襟外套的边饰图案。这个图案为15针一重复。

图解

A 线（薰衣草 Lavender）

B 线（米白色 / 白色 Eesit/White）

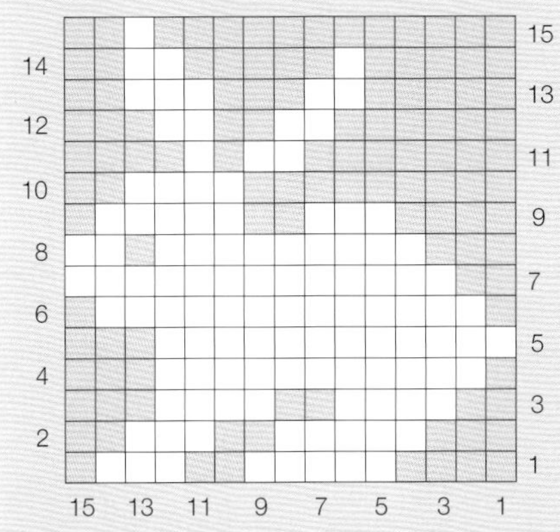

行1： 下4A，下5B，下2A，下3B，下1A。
行2： 上2A，上3B，上2A，上5A，上3A。
行3： 下2A，下4B，下2A，下4B，下3A。
行4： 上3A，上11B，上1A。
行5： 下12B，下3A。
行6： 上1A，上13B，上1A。
行7： 下2A，下13B。
行8： 上2B，上1A，上9B，上3A。
行9： 下4A，下3B，下2A，下5B，下1A。
行10： 上2A，上4B，上9A。
行11： 下7A，下2B，下1A，下1B，下4A。
行12： 上3A，上2B，上2A，上2B，上6A。
行13： 下5A，下2B，下3A，下3B，下2A。
行14： 上2A，上2B，上5A，上1B，上5A。
行15： 下12A，下1B，下2A。

配色变化

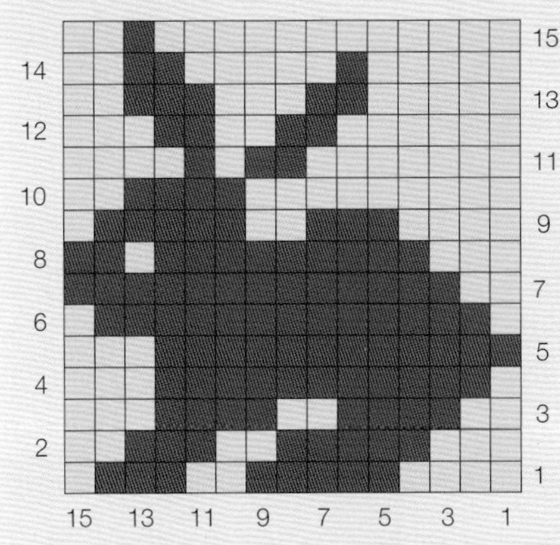

苏格兰梗犬

狗是人类最好的朋友，所以在你的衣服或配饰上织一些小狗图案来向它们致谢吧！小狗的主题可以轻松融入许多针织品：可以作为边饰图案用在帽子、茶壶套和毛衣上，也可以趣味地用作抱枕套或毯子的整体图案。这个图案为19针一重复。

图解

- A 线（海军上将 Admiral Navy）
- B 线（鹅卵石 Pebble）
- C 线（南瓜 Pumpkin）

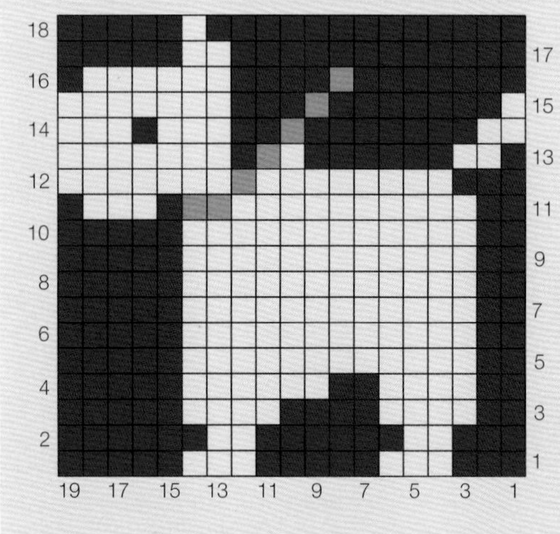

行1： 下3A，下3B，下5A，下3B，下5A。
行2： 上6A，上2B，上6A，上2B，上3A。
行3： 下2A，下4B，下4A，下4B，下5A。
行4： 上5A，上6B，上2A，上4B，上2A。
行5： 下2A，下12B，下5A。
行6： 上5A，上12B，上2A。
行7： 下2A，下12B，下5A。
行8： 上5A，上12B，上2A。
行9： 如行7。
行10： 如行8。
行11： 下2A，下10B，下2C，下1A，下3B，下1A。
行12： 上7B，上1C，上8B，上3A。
行13： 下1A，下2B，下6A，下1B，下1C，下1A，下7B。
行14： 上3B，上1A，上3B，上2A，上1C，上7A，上2B。
行15： 下1B，下7A，下1C，下3A，下7B。
行16： 上1A，上6B，上4A，上1C，上7A。
行17： 下12A，下2B，下5A。
行18： 上5A，上1B，上13A。

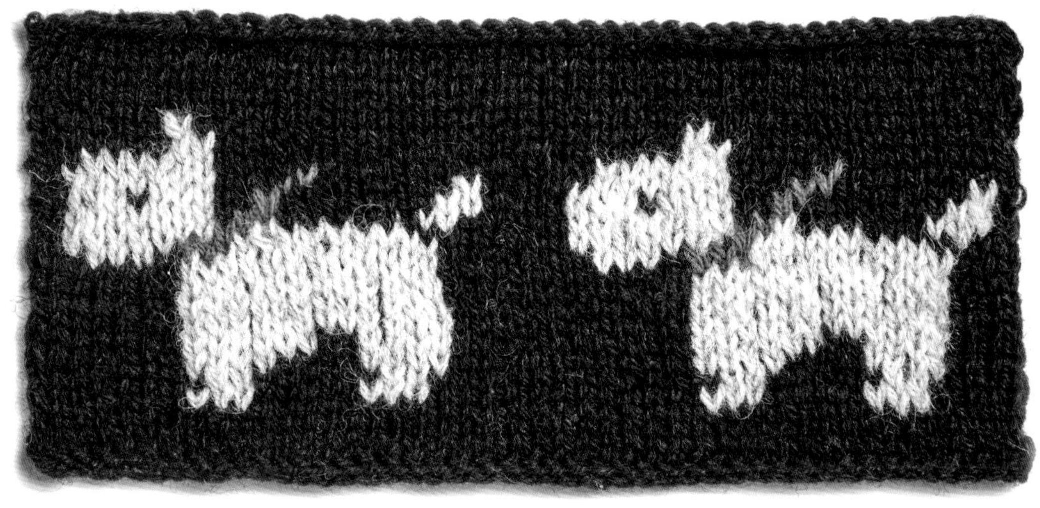

猫

猫总是很受欢迎，所以我觉得它是动物系列中必不可少的图案。这个主题可以用作边饰图案，可大可小，可用在任何针织作品上。这个图案为19针一重复。

图解

- A 线（米白色 / 白色 Eesit/White）
- B 线（木炭 Charcoal）

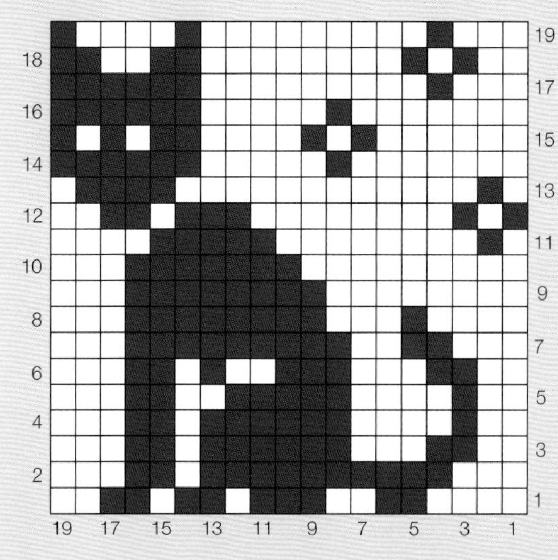

行1: 下4A，下2B，下2A，下3B，下1A，下2B，下1A，下2B，下2A。
行2: 上3A，上2B，上1A，上10B，上3A。
行3: 下2A，下2B，下3A，下6B，下1A，下2B，下3A。
行4: 上3A，上2B，上1A，上6B，上4A，上1B，上2A。
行5: 下2A，下1B，下4A，下5B，下2A，下2B，下3A。
行6: 上3A，上2B，上1A，上1B，上2A，上3B，上3A，上2B，上2A。
行7: 下3A，下2B，下2A，下9B，下3A。
行8: 上3A，上8B，上3A，上1B，上4A。
行9: 下8A，下8B，下3A。
行10: 上3B，上7A，上9A。
行11: 下1A，下1B，下8A，下5B，下4A。
行12: 上2A，上2B，上1A，上3B，上8A，上1B，上1A，上1B。
行13: 下1A，下1B，下12A，下4B，下1A。
行14: 上6B，上5A，上1B，上7A。
行15: 下6A，下1B，下1A，下1B，下4A，下2B，下1A，下1B，下1A，下1B。
行16: 上6B，上5A，上1B，上7A。
行17: 下3A，下1B，下9A，下6B。
行18: 上2B，上2A，上2B，上8A，上1B，上1A，上1B，上2A。
行19: 下3A，下1B，下9A，下1B，下4A，下1B。

带动物图案的作品
小鸭抱毯

这是一条可爱又柔软的婴儿抱毯，使用柔和的配色编织，带有小鸭图案。先完成抱毯，然后再对小鸭的喙和脚做平针刺绣。这个作品的美丽之处在于它是用环形针编织的，环针和直针的使用方式相同，但是编织起大作品来更容易，而且不会使你的手腕绷紧。我展示的作品是用可机洗羊毛织的，也给你心爱的小家伙织一条完美的抱毯吧。

线材

- Rooster Almerino中粗线，或相同粗细的羊驼/美丽诺混纺中粗线；50克/94米；生产商的编织密度参考为19针×23行，使用4.5毫米棒针
  - ~ 7团银色 Silver320或浅灰蓝色（A）
  - ~ 2团沙塔 Sandcastle 322或浅黄色（B）
  - ~ 1团考尼什鸡 Cornish 301或奶油色（C）
  - ~ 1团珊瑚 Coral 318或粉橙色（D）

工具

- 2副环形针
  - ~ 4.5毫米，80–100厘米长
  - ~ 5毫米，80–100厘米长
- 缝针

作品的编织密度

20针×24行，使用4.5毫米棒针

成品尺寸

82厘米×85厘米

教程提示：

编织配色图案时，将不参与编织、松散地渡在反面的毛线进行夹线。每隔几针就用那些正在使用的颜色去缠绕不使用的颜色，以避免产生过长的渡线（见第29页）。

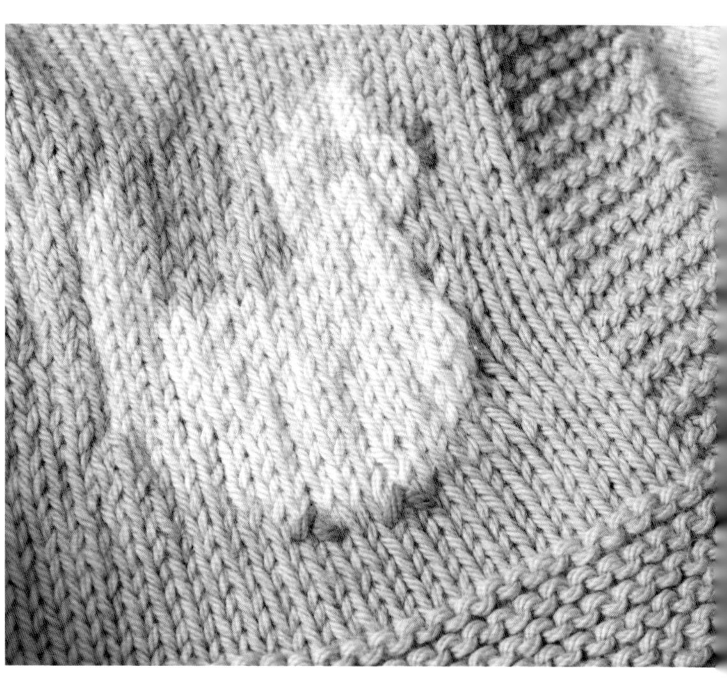

图解

A 线（银色 Silver 320或浅灰蓝色）
B 线（沙塔 Sandcastle 322或浅黄色）
C 线（考尼什鸡 Cornish 301或奶油色）

图解 A

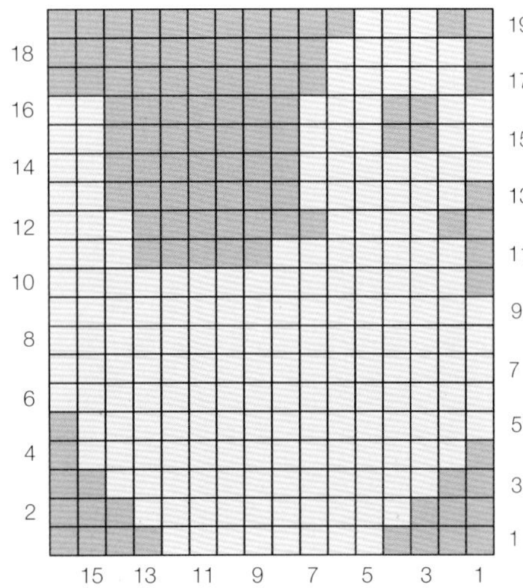

行1（正面行）： 下4A，下8B，下4A。
行2（反面行）： 上3A，上10B，上3A。
行3： 下2A，下12B，下2A。
行4： 上1A，上14B，上1A。
行5： 下15B，下1A。
行6： 使用B线，全部编织上针。
行7： 使用B线，全部编织下针。
行8和行9： 重复行6和行7。
行10： 上15B，上1A。
行11： 下1A，下7B，下5A，下3B。
行12： 上3B，上7A，上4B，上2A。
行13： 下1A，下6B，下7A，下2B。
行14： 上2B，上7A，上7B。
行15： 下2B，下2A，下3B，下7A，下2B。
行16： 上2B，上7A，上3B，上2A，上2B。
行17： 下1A，下5B，下10A。
行18： 上10A，上5B，上1A。
行19： 下2A，下3B，下11A。

图解 B

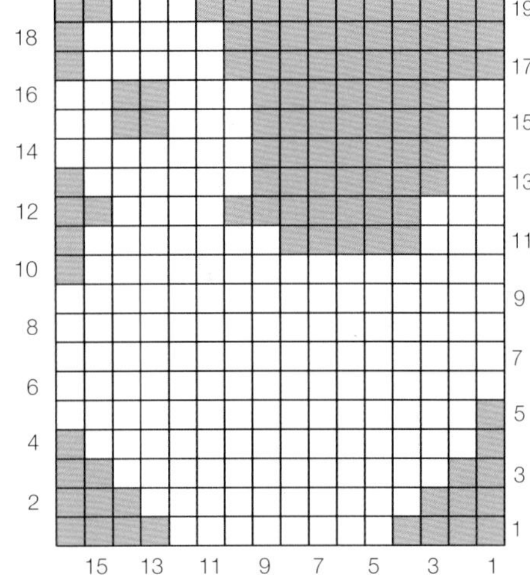

行1（正面行）： 下4A，下8C，下4A。
行2（反面行）： 上3A，上10C，上3A。
行3： 下2A，下12C，下2A。
行4： 上1A，上14C，上1A。
行5： 下1A，下15C。
行6： 使用C线，全部编织上针。
行7： 使用C线，全部编织下针。
行8和行9： 重复行6和行7。
行10： 上1A，上15C。
行11： 下3C，下5A，下7C，下1A。
行12： 上2A，上4C，上7A，上3C。
行13： 下2C，下7A，下6C，下1A。
行14： 上7C，上7A，上2C。
行15： 下2C，下7A，下3C，下2A，下2C。
行16： 上2C，上2A，上3C，上7A，上2C。
行17： 下10A，下5C，下1A。
行18： 上1A，上5C，上10A。
行19： 下11A，下3C，下2A。

教程

使用4.5毫米棒针及A线，起168针。
行1–10：全部编织下针。
行11（正面行）：全部编织下针。
行12（反面行）：下7，上针编织到最后余7针，下7。
重复2次行11和12。
换成5毫米棒针。
（**提示：**每一行反面行的前7针和最后7针都织下针，形成起伏针边缘。）
行17（正面行）：下11A，编织1次图解A的行1，*下10A，编织1次图解A的行1，从*开始重复至最后余11针，下11A。
行18（反面行）：下7A，上4A，编织1次图解A的下一行，*上10A，编织1次图解A的下一行，从*开始重复至最后11针前，上4A，下7A。
行19–35：继续按照原有的图案规律编织，直到完成图解A。停用B线。
行36–46：使用A线，从一行反面行开始，保持原有的起伏针边缘，编织11行平针。
行47–65：接上C线，用图解B替代图解A，重复行17–35。停用C线。
行66–76：重复行36–46。
再次重复行17–76, 然后仅重复1次行17–65。
仅使用A线继续编织。
下一行：下7，上针编织到最后余7针，下7。
下一行：全部编织下针。
再次重复最后2行。
下一行：下7，上针编织到最后余7针，下7。
换成4.5毫米棒针。
编织10行下针。
收针。

作品整理

将所有松散的线头藏好（见第38页）。
使用D线刺绣鸭嘴和鸭脚。先取一长段D线，长度约为毯子宽的3倍。
绣鸭嘴时，将D线穿进缝针，从抱毯的背面入针，从鸭头相邻的一针下针中出针，往对角线方向绣1针，再把缝针穿回刚才的出针位置，往另一个对角线方向朝上绣出一个横向的“V”形。
使用绣鸭嘴的方法来绣鸭脚，脚放在鸭的底部的两端，这次绣出一个倒立的“V”形。
使用同一段线，绣出余下的鸭嘴和鸭脚，将绣线绕进抱毯背面的浮线里，“移动”到下一只鸭子那里。

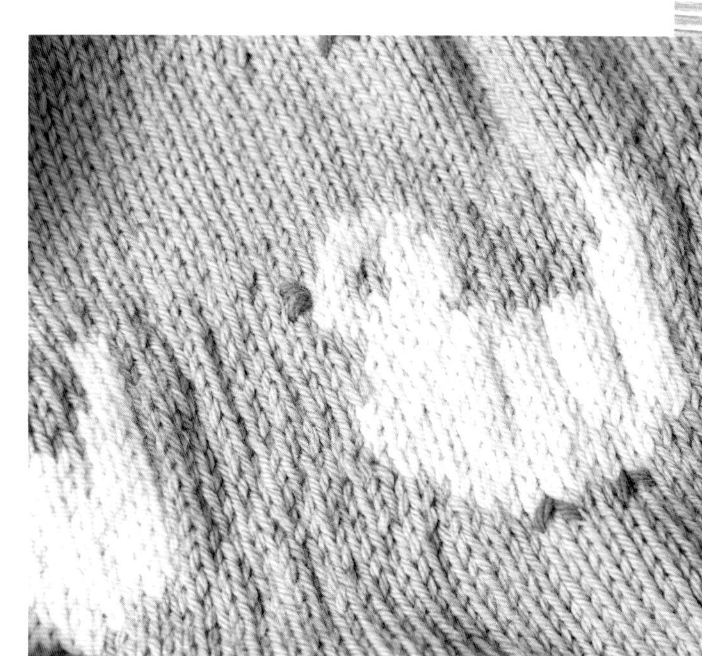

绵羊抱枕

费尔岛提花编织怎么可以没有绵羊图案呢？设得兰群岛的绵羊以其出产的羊毛而闻名，这里农民世代都住在他们的小农场里照料它们。所以，用这个有趣的抱枕套来表达我的敬意似乎是最合适的了。我用桂花针的边饰来增加作品的纹理感，让这个枕套显得尤其特别。

线材

· Rooster Almerino中粗线，或粗细相同的中粗羊驼/美丽诺混纺；50克/94米；生产商的编织密度参考为19针×23行，使用4.5毫米棒针
  ~ 3团醋栗 Gooseberry 306或苔绿色（A）
  ~ 1团鱼子酱 Caviar 325或黑蓝色（B）
  （**提示：**这个颜色只需要很少量的线，建议取2.5米的线来织图解的行1–8，取1.5米的线来织图解的行11–16，这将使绕线更轻松。）
  ~ 1团考尼什鸡 Cornish 301或奶油色（C）

工具

· 1副5毫米直棒针

· 缝针

其他

· 4枚纽扣

· 抱枕枕芯，30厘米×30厘米

作品的编织密度

20针×24行，使用4.5毫米棒针

成品尺寸

适合30厘米×30厘米枕芯；

实际尺寸为32厘米×32厘米

教程提示：

编织配色图案时，将不参与编织、松散地渡在反面的毛线进行夹线。每隔几针就用那些正在使用的颜色去缠绕不使用的颜色的线，以避免产生过长的渡线（见第29页）。

图解

- A 线（醋栗 Gooseberry 306或苔绿色）
- B 线（鱼子酱 Caviar 325或黑蓝色）
- C 线（考尼什鸡 Cornish 301或奶油色）
- 图案重复

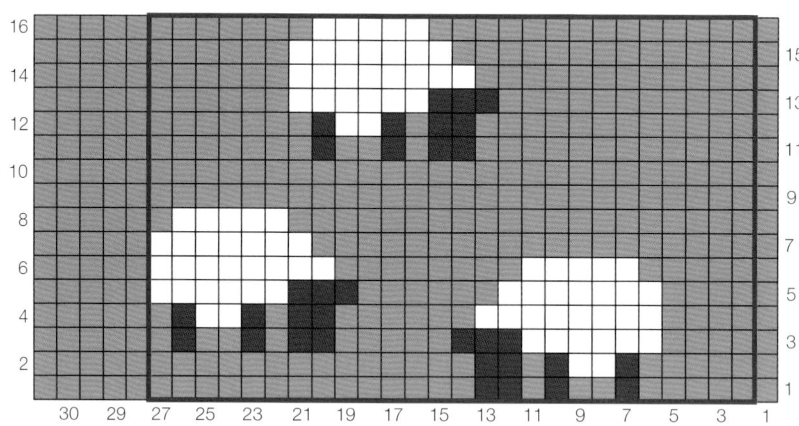

行1（正面行）： 下1A，* 下5A，下1B，下2A，下1B，下1A，下2B，下14A，从*开始重复至最后余5针，下5A。

行2（反面行）： 上5A，* 上14A，上2B，上1A，上1B，上2C，上1B，上5A，从*开始重复至最后余1针，上1A。

行3: 下1A，* 下4A，下6C，下3B，下5A，下2B，下1A，下1B，下2A，下1B，下1A，从*开始重复至最后余5针，下5A。

行4: 上5A，* 上1A，上1B，上2C，上1B，上1A，上2B，上6A，上8C，上4A，从*开始重复至最后余1针，上1A。

行5: 下1A，* 下4A，下7C，下6A，下3B，下6C，从*开始重复至最后余5针，下5A。

行6: 上5A，* 上8C，上8A，上5C，上5A，从*开始重复至最后余1针，上1A。

行7: 下1A，* 下19A，下7C，从*开始重复至最后余5针，下5A。

行8: 上5A，* 上1A，上5C，上20A，从*开始重复至最后余1针，上1A。

行9: 使用A线，全部编织下针。

行10: 使用A线，全部编织上针。

行11: 下1A，* 下12A，下2B，下1A，下1B，下2A，下1B，下7A，从*开始重复至最后余5针，下5A。

行12: 上5A，* 上7A，上1B，上2C，上1B，上1A，上2B，上12A，从*开始重复至最后余1针，上1A。

行13: 下1A，* 下11A，下3B，下6C，下6A，从*开始重复至最后余5针，下5A。

行14: 上5A，* 上6A，上8C，上12A，从*开始重复至最后余1针，上1A。

行15: 下1A，* 下13A，下7C，下6A，从*开始重复至最后余5针，下5A。

行16: 上5A，* 上7A，上5C，上14A，从*开始重复至最后余1针，上1A。

教程

抱枕前片

使用A线，起70针。

行1–7： * 下2，上2，从*开始重复至最后余2针，下2。

行8（反面行）： 下2，上2，下2，上针编织到最后余6针，下2，上2，下2。

行9（正面行）： 下2，上2，下2，下针编织到最后余6针，下2，上2，下2。

行10–12： 再次重复行8及行 9，然后再编织1次行8。

**保持边缘为桂花针，开始编织配色图案，方法如下：

行1（正面行）： 下2A，上2A，下2A，编织图解的行1至最后余6针，在一行中将26针的图案重复2次 ，下2A，上2A，下2A。

行2（反面行）： 下2A，上2A，下2A，编织图解的下一行到最后余6针，下2A，上2A，下2A。

继续按照图解编织，保持边缘为桂花针，直到完成16行。停用线B和线C。

仅使用A线继续编织。

下一行： 下2，上2，下2，下针编织到最后余6针，下2，上2，下2。

下一行： 下2，上2，下2，上针编织到最后余6针，下2，上2，下2。

重复最后2行2次。**

从 ** 至**重复2次。

下6行： * 下2，上2，从*开始重复至最后余2针，下2。

收掉所有针目。

抱枕后片下半部分

使用A线，起58针。

行1（正面行）： 全部编织下针。

行2（反面行）： 全部编织上针。

行3–6： 重复行1及行2。

*** 开始编织配色图案，方法如下：

行1（正面行）： 编织图解的行1至最后，在一行中将26针的图案重复2次。

行2（反面行）： 编织图解的下一行至最后。继续按图解编织至完成16行。停用B线和C线。

仅使用A线继续编织。

下一行： 全部编织下针。

下一行： 全部编织上针。

重复最后2行2次。***

从*** 至***再次重复。

收掉所有针目。

抱枕后片上半部分

使用A线，起58针。

扣眼边

行1–4： * 下2，上2，从*开始重复至最后余2针，下2。

行5： * 按原有的桂花针规律编织接下来的10针，收掉1针，从*开始重复至最后10针前，按桂花针规律编织最后10针。

行6： 按原有的桂花针规律编织，遇到上一行收针处的缺口，起1针。

行7： 如行1。

行8： 全部编织上针。

行9–30： 如抱枕后片的下半部分的***至***编织。

收掉所有针目。

作品整理

将织片定型（见第40–41页），抱枕的前片应为32厘米×32厘米，两个后片在重叠扣眼边后，尺寸应与前片相同。

使用挑针缝合的方法（见第39页）接缝以下位置：沿着桂花针边缘的上方，对齐后片的下半部分与前片，将前后片的桂花针侧边缝合。沿着桂花针边缘的下方，对齐后片的上半部分与前片，将后片上半部分重叠在下半部分的上方，将前后片的桂花针侧边缝合。

对齐扣眼的位置缝上纽扣（见第43页）。藏好所有线头（见第38页）。

雷鸟儿童开衫及帽子

四季都能穿的落肩袖/平装袖开衫和配套的帽子，是一套经典搭配，让你的小家伙在最寒冷的季节也能保持舒适！对于费尔岛编织的初学者和中等程度编织者来说，这是一件很棒的针织套装，羊驼和美利奴混纺的成分使它非常柔软和奢华——非常适合孩子敏感的皮肤。

线材

- UK Alpaca Super Fine粗线，或粗细相同的羊驼/美丽诺混纺粗线；50克/112米；生产商的编织密度参考为25针×34行，使用3.75毫米棒针
  - ~ 2（2：3：3：3：3）团锈红 Rust或深橘色（A）
  - ~ 2团羊皮纸 Parchment或奶油色（B）
- UK Alpaca Superfine Alpaca Speckledy粗线，或粗细相同的羊毛混纺粗线；50克/112米；生产商的编织密度参考为25针×34行；使用3.75毫米棒针
  - ~ 3（3：3：3：3：4）团彩点灰 Speckledy Grey或彩点棕灰色（C）

工具

- 2副直棒针
  - ~ 3.75毫米
  - ~ 4.5毫米
- 2副环形针
  - ~ 3.25毫米，40厘米长
  - ~ 4.5毫米，40厘米长
- 5根4.5毫米双头棒针
- 缝针

其他

- 5（6：6：6：7：7）枚纽扣
- 别针
- 记号扣

作品的编织密度

24针×30行，使用4.5毫米棒针

教程提示：

编织配色图案时，将不参与编织、松散地渡在反面的毛线进行夹线。每隔几针就用那些正在使用的颜色的线去缠绕不使用的颜色，以避免产生过长的渡线（见第29页）。

领子的形状是通过绕线翻面（W&T）的引返技法塑造的。见第37页“编织缩略语”的技法介绍。

开衫使用直棒针片织，帽子使用环形针和双头直棒针圈织。

尺寸表格

	尺寸1 0–3个月	尺寸2 3–6个月	尺寸3 6–9个月	尺寸4 9–12个月	尺寸5 1–2岁	尺寸6 2–3岁
实际胸围（厘米）	49	53	56	59	60	65
至肩膀长度（厘米）	21	24	26	28	32	34
实际袖长（厘米）	13	15	17	19	24	25
上臂围（厘米）	15	17	19	20.5	21	22

图解

B 线（羊皮纸 Parchment或奶油色）

C 线（彩点灰 Speckledy Grey或彩点棕灰色）

图解 A

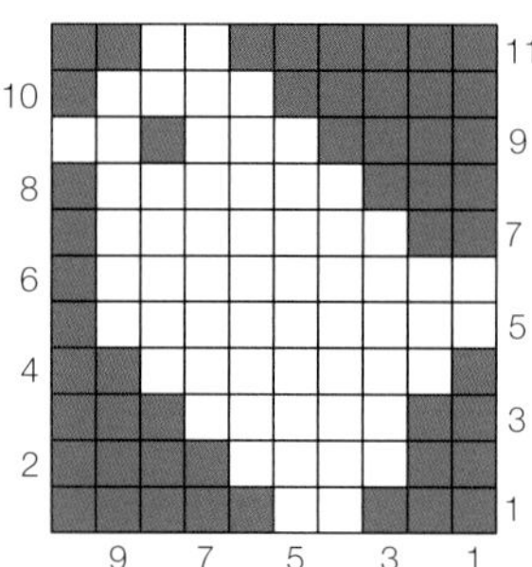

行1（正面行）： 下3C，下2B，下5C。

行2（反面行）： 上4C，上4B，上2C。

行3： 下2C，下5B，下3C。

行4： 上2C，上7B，上1C。

行5： 下9B，下1C。

行6： 上1C，上9B。

行7： 下2C，下7B，下1C。

行8： 上1C，上6B，上3C。

行9： 下4C，下3B，下1C，下2B。

行10： 上1C，上4B，上5C。

行11： 下6C，下2B，下2C。

图解 B

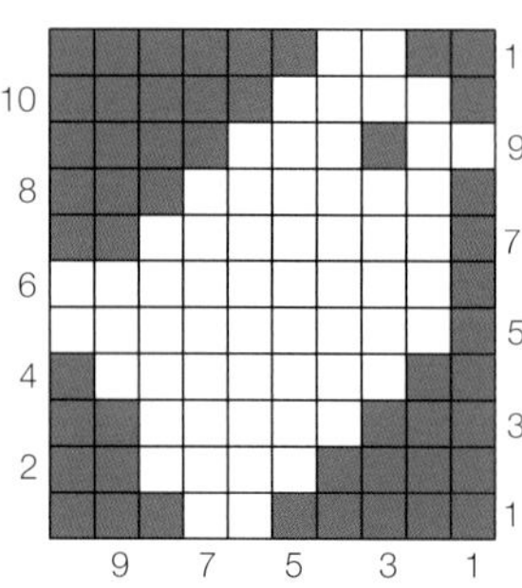

行1（正面行）： 下5C，下2B，下3C。

行2（反面行）： 上2C，上4B，上4C。

行3： 下3C，下5B，下2C。

行4： 上1C，上7B，上2C。

行5： 下1C，下9B。

行6： 上9B，上1C。

行7： 下1C，下7B，下2C。

行8： 上3C，上6B，上1C。

行9： 下2B，下1C，下3B，下4C。

行10： 上5C，上4B，上1C。

行11： 下2C，下2B，下6C。

教程

开衫

后片

使用A线和3.75毫米棒针，起51（55：59：63：67：71）针。

行1–6：全部编织下针。

换成4.5毫米棒针。

从一行正面的下针行开始，编织2行平针。

接上B线和C线。

行9：*下1B，下1C，从*开始重复至最后余1针，下1B。

行10：*上1C，上1B，从*开始重复至最后余1针，上1C。

从一行正面的下针行开始，使用A线编织2行平针。

从一行正面的下针行开始，使用C线编织2行平针。

行15：下3（3：5：3：3：3）C，*接下来的10针编织图解A的行1，下2（3：3：2：3：3）C，从*开始重复2（2：2：3：3：3）次，接下来的10针编织图解A的行1，下2（3：5：2：2：6）C。

行16：上2（3：5：2：2：6）C，*接下来的10针编织图解A的行2，上2（3：3：2：3：3）C，从*开始重复2（2：2：3：3：3）次，接下来的10针编织图解A的行2，上3（3：5：3：3：3）C。

继续按原有图案规律编织，直到完成图解A的11行。

从一行反面的上针行开始，使用C线编织3行平针。

从一行反面的上针行开始，使用A线编织2行平针。

行31：*下1B，下1C，从*开始重复至最后余1针，下1B。

行32：*上1C，上1B，从*开始重复至最后余1针，上1C。

从一行正面的下针行开始，使用A线编织2行平针。

从一行正面的下针行开始，使用C线编织2行平针。

（**提示：**在开始之前，请仔细阅读教程接下来的部分，因为有多套指引需要结合起来编织。）

仅适用于尺寸1

停用A线及B线，仅使用C线继续编织后片的余下部分。

仅适用于尺寸2、3、4、5和6

行37：下–（10：12：10：10：10）C，*接下来的10针编织图解B的行1，下–（3：3：2：3：3）C，从*开始重复–（2：2：3：3：3）次，下–（6：8：5：5：9）C。

行38：上–（6：8：5：5：9）C，*上–（3：3：2：3：3），接下来的10针编织图解B的行2，从*开始重复–（2：2：3：3：3）次，上–（10：12：10：10：10）C。

继续按原有的图案规律编织，直到完成图解B的11行。

行48：使用C线，全部编织上针。

从一行正面的下针行开始，使用A线编织2行平针。

下一行：*下1B，下1C，从*开始重复至最后余1针，下1B。

下一行：上1C，上1B，从*开始重复至最后余1针，上1C。

从一行正面的下针行开始，使用 A 线编织 2 行平针。

停用 A 线及 B 线，仅使用 C 线继续编织后片的余下部分。

全尺寸适用

编织袖窿减针

当后片长度离起针边缘约12（14：15：16：18：21）厘米，结束于一行反面行，编织袖窿减针，方法如下：

于下2行的编织起点分别收掉4针［43（47：51：55：59：63）针］。

继续按照图解规律编织，直到后片的长度离起针边缘约 21（24：26：28：32：34）厘米，结束于一行反面行。

编织斜肩

于下2行的编织起点分别收掉10（11：13：14：16：17）针。

收掉余下的23（25：25：27：27：29）针。

左前片

使用A线及3.75毫米棒针，起28（30：32：34：36：38）针。

行1–6： 全部编织下针。

换成4.5毫米棒针。

行7（正面行）： 全部编织下针。

行8（反面行）： 下5A；上针编织至最后。

此处为左前片建立了5针起伏针的门襟边，且门襟边始终使用A线编织。

接上B线和C线。

行9： * 下1B，下1C，从*开始重复至最后余6针，下1B，下5A。

行10： 下5A，* 上1C，上1B，从*开始重复至最后余1针，上1C。

行11： 使用A线，全部编织下针。

行12： 下5A，* 上1B，从*开始重复至最后。

行13： * 下1C，从*开始重复至最后余5针，下5A。

行14： 下5A，* 上1C，从*开始重复至最后。

行15： 下1（2：2：3：4：5）C，* 编织图解A的行1，下1（1：2：3：3：3）C，从*开始重复1次，下0（1：1：0：1：2）C，下5A。

行16： 下5A，上0（1：1：0：1：2）C，* 上1（1：2：3：3：3）C，编织图解A的行2，从*开始重复1次，上1（2：2：3：4：5）C。

继续按照原有的图案规律编织，直到完成图解A的11行。

保持门襟边使用A线编织起伏针，从一行反面的上针行开始，使用C线编织2行平针。

保持门襟边编织起伏针，使用A线编织2行平针。

行31： * 下1B，下1C，从*开始重复至最后余6针，下1B，下5A。

行32： 下5A，* 上1C，上1B，从*开始重复至最后余1针，上1C。

行33： 使用A线，全部编织下针。

行34： 下5A，* 上1B，从*开始重复至最后。

保持门襟边使用A 线编织起伏针，使用C线编织2行平针。

（**提示：** 在开始之前，请仔细阅读教程接下来的部分，因为有多套指引需要结合起来编织。）

仅适用于尺寸1

停用B线。保持门襟边使用A线编织起伏针，继续使用C线编织平针，完成前片的余下部分。

仅适用于尺寸2、3、4、5和6

行37：下8（9：9：10：11）C，接下来的10针编织图案B的行1，下7（8：10：11：12）C，下5A。

行38：下5A，上7（8：10：11：12）C，接下来的10针编织图案B的行2，上8（9：9：10：11）C。

继续按照原有的图案规律编织，直到完成图解B的11行。

保持门襟边使用A线编织起伏针，从一行反面的上针行开始，使用C线编织3行平针。

保持门襟边编织起伏针，使用A线编织2行平针。

下一行： * 下1B，下1C，从*开始重复至最后余6针，下1B，下5A。

下一行： 下5A，* 上1C，上1B，从*开始重复至最后。

下一行： 使用A线，全部编织下针。

下一行： 下5A，使用B线编织上针至最后。

停用B线。保持门襟边使用A线编织起伏针，继续使用C线编织平针，完成前片的余下部分。

全尺寸适用

编织袖窿减针

当前片的长度离起针边缘约12（14：15：16：18：21）厘米，结束于一行反面行，与此同时，编织袖窿减针，方法如下：

收掉下一行编织起点的4针［24（26：28：30：32：34）针］。

按照图解规律，继续编织至前片的长度离起针边缘约17.5（20.5：21.5：23.5：26.5：28.5）厘米，结束于一行反面行。

编织领口减针

下一行： 下针编织至最后余7（7：8：8：9：9）针，翻面，将余下针目移至别针上作为领口的休针。每一行都在领口侧减1针，直到针数减至10（11：13：14：16：17）针。

按照图案规律不加针不减针继续编织，直到左前片的长度与后片肩膀匹配，且结束在线尾停留在袖窿侧的那一行。

收针。

为4（5：5：5：5：6）枚纽扣的位置做标记，第一枚纽扣位于领口下方1厘米处，最后一枚纽扣位于起伏针底边的中间处。其余的2（3：3：3：3：4）枚纽扣按等分距离分配位置。

右前片

使用A线及3.75毫米棒针，起28（30：32：34：36：38）针。

行1–4： 全部编织下针。

行5（正面行）（扣眼）： 下1，下针左上2并1，挂针,下针编织至最后。此处开始安排扣眼的位置。

行6： 全部编织下针。

换成4.5毫米棒针。

行7： 全部编织下针。

行8： 上针编织至最后5针前，下5A。

此5针的门襟边始终编织起伏针。

参考左前片的图案规律，对称完成右前片，对齐纽扣的位置，制作出扣眼。

袖子

使用A线3.75毫米棒针，起29（31：33：35：35：37）针。

行1–6：全部编织下针。

换成4.5毫米棒针。

继续按下方列出的颜色来编织平针，与此同时，在一行的两端各加1针，每6行加针1次，直到针数加至37（41：45：49：51：53）针。

编织2行平针，从一行正面的下针行开始，接上B线和C线。

行3：下1B，*下1C，下1B，从*开始重复至最后。

行4：上1C，*上1B，上1C，从*开始重复至最后。

使用A线编织4行平针。

使用B线编织4行平针。

使用C线编织4行平针。

使用A线编织2行平针。

行19和行20：如行3和行4。

使用A线编织4行平针。

继续使用C线编织，直到袖子长度离起针边缘约13（15：17：19：22：24）厘米，结束于一行反面行。

最后一行的两端分别使用彩色的废线做标记。

编织6行平针。

收针。

领子

使用3.75毫米棒针及A线，从正面接线，从右前领口休针处编织7（7：8：8：9：9）针下针，从右前领口往上挑织13（13：15：15：17：17）针下针，从后领口边缘挑织29（31：31：33：33：35）针下针，从左前领口往下挑织13（13：15：15：17：17）针下针，从左前领口休针处编织下7（7：8：8：9：9）针[69（71：77：79：85：87）针]。

下两行：下针编织至最后余20针，绕线翻面。

下两行：下针编织至最后余16针，绕线翻面。

下两行：下针编织至最后余12针，绕线翻面。

下两行：下针编织到最后余8针，绕线翻面。

下一行（反面行）：全部编织下针。

于下2行的编织起点分别收掉3针[63（65：71：73：79：81）针]。

继续编织起伏针，直到领子宽度约5（5：5：6：6：7）厘米，结束于一行反面行。

收针。

作品整理

将每一块织片按所需尺寸定型（见第40–41页）。

使用挑针缝合的方法（见第39页）接缝作品的以下位置：对齐袖窿来绱袖，利用彩色的废线对齐腋下的收针边缘。缝合侧边和袖筒。对齐扣眼的位置缝上纽扣（见第43页）。藏好所有线头（见第38页）。

帽子

使用A线和3.25毫米棒针，起72（78：84：90）针。连接成环形来编织，注意不要将针目扭转。放记号扣标记一圈的起点。

圈1–4：全部编织下针。

圈5： * 下针左上2并1，挂针，从*开始重复至最后。

这一圈将作为帽子双层镂空边的折痕。

换成4.5毫米棒针。

圈6和圈7：全部编织下针。

接上B线和C线。

圈8： * 下1B，下1C，从*开始重复至最后。

圈9： * 下1C，下1B，从*开始重复至最后。

圈10和圈11：使用A线，全部编织下针。

圈12–14：使用C线，全部编织下针。

按照图解A，将小鸟图案放在下一圈，方法如下（**提示：**由于是圈织，图解A的每一行都织下针。请从右向左阅读图解；如果你使用文字说明，反面行应反过来编织）。

圈15： * 按编织图解A的行1编织10针，下2（3：2：5）C，从*开始重复至最后。

圈16–25：继续按前一行的图案规律编织，每一次都编织图解A的下一行。

圈26：使用C线，全部编织下针。

圈27： 使用C线，* 下1，将下一针编织成KFB加针，下1，从*开始重复至最后［96（104：112：120）针］。
圈28： 使用C线，全部编织下针。
圈29： 使用A线，全部编织下针。
仅适用于尺寸1、2、3和4
圈30： 使用A线，全部编织上针。
仅适用于尺寸5和6
圈30： 使用A线，全部编织下针。
全尺寸适用
圈31和圈32： 重复圈8圈9。
圈33： 使用A线，全部编织下针。
仅适用于尺寸1、2、3和4
圈34： 使用A线，全部编织下针。
仅适用于尺寸5和6
圈34： 使用A线，全部编织上针。
全尺寸适用
圈35和圈36： 使用C线，全部编织下针。
开始编织帽顶减针，方法如下：
圈37： * 扭织下针左上2并1C，下8（8：9：9：10：11）C，下针左上2并1C，从*开始重复至最后［80（80：88：88：96：104）针］。
圈38： 使用C线，全部编织下针。
仅适用于尺寸1、2、3和4
圈39： * 扭织下针左上2并1A，下6（6：7：7）A，下针左上2并1A，从*开始重复至最后1针［64（64：72：72）针］。
圈40： 使用A线，全部编织下针。
圈41和圈42： 重复圈8和圈9。
停用B线和C线，仅使用A线继续编织。
圈43： * 扭织下针左上2并1，下4（4：5：5），下针左上2并1，从*开始重复至最后［48（48：56：56）针］。
圈44： 全部编织下针。
圈45： * 扭织下针左上2并1，下2（2：3：3），下针左上2并1，从*开始重复至最后［32（32：40：40）针］。
圈46： 全部编织下针。
圈47： * 扭织下针左上2并1，下0（0：1：1），下针左上2并1，从*开始重复至最后［16（16：24：24）针］。
圈48： 全部编织下针。
圈49： * 下针左上2并1，从*开始重复至最后1针［8（8：12：12）针］。
断线，将线尾穿过所有针圈，抽紧并打结。
仅适用于尺寸5和尺寸6
圈39和圈40： 使用A线，全部编织下针。
圈41和圈42： 重复圈8和圈9。
圈43： * 扭织下针左上2并1A，下8（9）A，下针左上2并1A，从*开始重复至最后［80（88）针］。
圈44： 使用A线，全部编织下针。
圈45： * 扭织下针左上2并1C，下6（7）C，下针左上2并1C，从*开始重复至最后［64（72）针］。

圈46–48： 使用C线，全部编织下针。
圈49： * 扭织下针左上2并1C，下4（5）C，下针左上2并1C，从*开始重复至最后［48（56）针］。
圈50： 使用A线，全部编织下针。
圈51： * 扭织下针左上2并1A，下2（3）A，下针左上2并1A，从*开始重复至最后［32（40）针］。
圈52和圈53： 使用A线，全部编织下针。
停用A线，仅使用C线继续编织。
圈54： * 扭织下针左上2并1，下0（1），下针左上2并1，从*开始重复至最后［16（24）针］。
仅适用于尺寸5
圈55： 全部编织下针。
圈56： * 下针左上2并1，从*开始重复至最后（8针）。
断线，将线尾穿过所有针圈，抽紧并打结。
仅适用于尺寸6
圈55： * 扭织下针左上2并1，下1，从*开始重复至最后（16针）。
圈56： 全部编织下针。
圈57： * 下针左上2并1，从*开始重复至最后（8针）。
断线，将线尾穿过所有针圈，抽紧并打结。

作品整理

沿着双层镂空边的折痕，将起针行折向作品的反面并缝好。藏好所有线头（见第38页）。

原文书名：Fair Isle Knitting
原作者名：Monica Russel

著作权合同登记号：图字：01-2021-6840

图书在版编目（CIP）数据

费尔岛编织指南 /（英）莫妮卡·罗素著；舒舒译．--北京：中国纺织出版社有限公司，2022.5

书名原文：Fair Isle Knitting: A Practical & Inspirational Guide

ISBN 978-7-5180-9036-5

Ⅰ.①费…　Ⅱ.①莫…　②舒…　Ⅲ.①毛衣—编织—指南　Ⅳ.①TS941.763-62

中国版本图书馆CIP数据核字（2021）第213251号

责任编辑：刘　婧　　特约编辑：夏佳齐
责任校对：高　涵　　责任印制：储志伟

中国纺织出版社有限公司出版发行
地址：北京市朝阳区百子湾东里A407号楼　邮政编码：100124
销售电话：010—67004422　传真：010—87155801
http://www.c-textilep.com
中国纺织出版社天猫旗舰店
官方微博 http://weibo.com/2119887771
北京雅昌艺术印刷有限公司印刷　各地新华书店经销
2022年5月第1版第1次印刷
开本：889×1194　1/16　印张：11
字数：264千字　定价：79.00元

凡购本书，如有缺页、倒页、脱页，由本社图书营销中心调换